有机废弃物循环利用技术清单

魏　丹　吴建繁　邹国元　主编

U0344050

中国农业出版社
农村读物出版社
北　京

党的十九届五中全会提出，要提高农业质量效益和竞争力。这就迫切要求加快转变农业发展方式，加快发展资源节约型、环境友好型农业，走高质量绿色发展道路，在发展循环农业、节水农业、节肥节药等方面解决关键性问题。

"十三五"以来，全国秸秆综合利用率达86%，畜禽粪污综合利用率达75%。这些废弃物是如何处理的，处理后又去向何方？当前，秸秆还田快速腐熟、设施蔬菜尾菜原位腐解、农林复合废弃物快速腐解资源化等是我们国家乡村振兴面临的难题！应用这些有机废弃物解决水稻营养土来源、蔬菜育苗基质和园林营养土问题，是我们面临资源紧缺资源化处理的技术热点！还有腐解过程的配套菌剂、除臭等技术环节，都是我们科研、生产、生活和产业面临的挑战！

针对废弃物处理的技术、装备、产品和生产模式的推广应用难点，北京市农林科学院组织专家编写了《有机废弃物循环利用技术清单》。该书诠释了废弃物从捡拾、储运、处理到产品和应用的全链条处理技术。这些技术对科研工作者研究提供了产业化思路，对企业成果转化提供了科技支撑，对乡镇废弃物处理提供了处理选择，对政府制定决策提供了全程解决方案。

该书注重提供轻简化技术处理清单，配套了生动、鲜活的技术漫画并制作了手机版App平台，做到"一看就懂，一用就灵"，解决了科研到生产应用"最后一公里"的难题，是农民科学普及的好帮手，也可为科研单位和企业提供参考借鉴。

中国工程院院士：吴丰昌

2022年5月

  提升农业废弃物综合利用率已成为我国乡村振兴评价指标体系构建的主要指标之一。2017 年统计结果显示，我国年约产生 38.0 亿吨畜禽粪污，农作物秸秆 8.2 亿吨，各类蔬菜残余物 2.3 亿吨和农产品加工废弃物 4.5 亿吨。有机废弃物资源化利用变成"五料"——肥料、饲料、基料、燃料、工业原料，实现高值化，对减少污染、保护环境、节本增效具有重要作用。

  有机废弃物资源化处理与应用是科普工作的一项重要工作内容。关系到乡村环境美，关系到循环经济发展，关系到一二三产业融合，关系到乡村振兴和生态环境治理。当前，农用有机废弃物快速腐解技术、装备以及多元有机废弃物腐解过程的配套菌剂和除臭等问题，是我们科研、生产和产业面临的挑战！如何加快科研成果转化技术落地，是我们亟待解决的难题。

  《有机废弃物循环利用技术清单》详细介绍了废弃物从捡拾、储运、处理到产品生产和应用的全链条处理技术。本书由北京市农林科学院、北京低碳农业协会、黑龙江省黑土保护利用研究院、中国农业出版社、河北省迁安市农业农村局、北京环境工程技术有限公司、北京比奥瑞生物科技有限公司、创想未来生物工程（北京）有限公司、哈尔滨华美亿丰成套设备制造有限公司、黑龙江雄微生物科技有限公司和黑龙江德沃科技开发有限公司等单位共同支持完成。科研单位在技术上全面把握技术要点，企业在案例和设备及模式应用提供了可落地的支撑。该书有 50 多名科研人员、学生和企业家参加编写，并配有生动的动漫表达每一个技术环节和使用效果，建立了科技服务平台，以供生产应用。

  该书力争为政府、企业、村镇在废弃物处理和资源化利用上，制订全程解决的技术方案，实现以用促治、种养循环，实现从田间到车间的"最后一公里"资源高效利用，推动延长产业链、提升价值链；打造新的循环产业链，提升附加值，有效促进农村增绿、农民增收和农业增效。

希望本书能对从事本专业和行业的人员有所借鉴。书中疏漏和不妥之处，敬请广大读者批评指正。

魏　丹

2021 年 8 月

北京市农林科学院

目 录

序

前言

第1篇 有机废弃物收储运 ··· 1

  技术1 农作物秸秆收集技术 ··· 1

  技术2 农作物秸秆压缩与打包技术 ································· 2

  技术3 园林树枝破碎运输技术 ······································· 4

  技术4 厨余垃圾收运技术 ··· 6

  技术5 厨余垃圾压缩收运技术 ······································· 7

第2篇 废弃物前处理与过程调控 ··································· 9

  技术1 前处理过程中臭气控制技术 ································· 9

  技术2 前处理过程中渗滤液全量处理技术 ··················· 11

  技术3 有机废弃物挤压破碎技术 ································· 12

  技术4 有机废弃物挤压脱水技术 ································· 13

  技术5 堆肥过程调理技术 ··· 14

  技术6 腐熟剂选择与使用技术 ····································· 16

    一、秸秆腐熟菌剂 ··· 16

    二、畜禽粪便腐熟菌剂 ··· 17

    三、餐厨垃圾腐熟剂 ··· 18

  技术7 堆肥过程中臭气减排技术 ································· 20

    一、原位除臭技术 ··· 20

    二、异位除臭技术 ··· 21

第3篇 有机废弃物处理 ·· 23

  技术1 气肋膜除臭条垛式堆肥技术 ····························· 23

  技术2 太阳能辅助槽式好氧堆肥技术 ························· 24

  技术3 卧旋式好氧发酵技术 ······································· 26

  技术4 箱式好氧发酵技术 ··· 28

技术 5　筒仓式反应器好氧发酵技术 ·················· 30

技术 6　智能纳米膜法好氧发酵堆肥技术 ·············· 32

技术 7　膜法好氧发酵技术 ·························· 34

技术 8　传统堆肥处理农村有机废弃物技术 ············ 36

技术 9　家庭式简易堆肥桶发酵技术 ·················· 37

技术 10　设施蔬菜原位腐解技术 ···················· 38

技术 11　常温厌氧发酵技术 ························ 40

技术 12　中高温厌氧发酵技术 ······················ 41

技术 13　干式厌氧发酵技术 ························ 43

技术 14　沼液滴灌施肥技术 ························ 44

技术 15　好氧堆肥茶制备技术 ······················ 46

技术 16　厌氧堆肥茶制备技术 ······················ 48

技术 17　植物酵素调理液生产技术 ·················· 50

技术 18　木醋液的生产及蔬菜施用技术 ·············· 52

技术 19　蚯蚓堆肥法处理农村有机废弃物技术 ········ 53

技术 20　黑水虻生物转化有机固体废弃物技术 ········ 55

技术 21　白星花金龟处理农业有机废弃物技术 ········ 57

技术 22　农林废弃物基料化栽培食用菌生产技术 ······ 59

技术 23　热解处理技术与设备 ······················ 60

技术 24　农林废弃物热解气化技术 ·················· 62

技术 25　畜禽粪便热解技术 ························ 63

第4篇　资源化产品加工 ······························ 66

技术 1　有机无机复混肥生产技术 ·················· 66

技术 2　生物有机肥生产技术 ······················ 67

技术 3　有机源土壤调理剂生产与使用技术 ·········· 68

技术 4　炭基土壤调理剂生产与使用技术 ············ 69

技术 5　人工基质生产与使用技术 ·················· 70

技术 6　人工土壤构建技术 ························ 72

第5篇　资源化产品应用 ······························ 74

技术 1　有机肥在粮食作物上的定量化施用技术 ······ 74

技术 2　畜禽粪肥在粮食作物上的施用技术 ·········· 76

技术 3　生物有机肥在粮食作物上的施用技术 ········ 79

技术 4　有机无机复混肥在粮食作物上的施用技术 ···· 80

　技术 5　复合微生物肥料在粮食作物上的施用技术 ……………… 82
　技术 6　有机类肥料产品在果菜茶上的施用技术 ………………… 85
　技术 7　畜禽粪肥在果菜茶上的施用技术 ………………………… 88
　技术 8　生物有机肥在果菜茶上的施用技术 ……………………… 90
　技术 9　有机无机复混肥在果菜茶上的施用技术 ………………… 92
　技术 10　复合微生物肥料在果菜茶上的施用技术 ……………… 93

第 6 篇　资源化产品标准 ………………………………………………… 96
　标准 1　有机废弃物的综合利用标准 ……………………………… 96
　　一、有机废弃物的范围与定义标准 ……………………………… 96
　　二、废弃物综合利用标准 ………………………………………… 97
　标准 2　有机废弃物的肥料化标准 ………………………………… 98
　　一、蔬菜废弃物处理标准 ………………………………………… 98
　　二、绿化植物废弃物处理标准 …………………………………… 99
　　三、有机肥生产标准 …………………………………………… 100
　　四、畜禽粪便堆肥标准 ………………………………………… 101
　标准 3　有机物料的高值化产品技术标准 ……………………… 103
　　一、人工基质标准 ……………………………………………… 103
　　二、炭基肥料标准 ……………………………………………… 105
　　三、土壤调理剂标准 …………………………………………… 106
　标准 4　生物类肥料生产标准 …………………………………… 106
　　一、复合微生物肥料标准 ……………………………………… 106
　　二、生物有机肥标准 …………………………………………… 107

主要参考文献 …………………………………………………………… 109
附录　平台简介 ………………………………………………………… 113

第1篇 有机废弃物收储运

技术1 农作物秸秆收集技术

【技术概述】

随着农业机械化的普及和农村燃料、肥料的丰富多样，秸秆成了秋收后田间地头没人理的"垃圾"。其实，秸秆是放错了位置的资源。应通过配套的农业机具，在收获季节对秸秆进行收集、堆放和储存，按照需求有条不紊地送至消纳厂。秸秆的收集技术可使秸秆高效离田，有效提高农作物秸秆利用率。收集作为综合利用的基础，在解决秸秆收集与持续均衡利用矛盾、保障规模化与标准化秸秆供应和促进工业化综合利用发展等方面，具有不可替代的作用。

【适用范围】

该技术在处理原料上，适宜处理棉花、玉米、小麦、大豆等常见地上农作物秸秆，在处理设备上，根据秸秆的作物种类使用不同的专用处理设备。标准化收储中心收储容量原则上不少于1 000吨，具有秸秆收储必要的设备设施，可实现周边区域秸秆打捆、收储、转运等作业。

【技术流程】

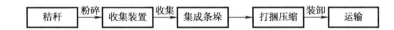

【技术要点】

1. 处理设备 根据实际需要，配备不同种类作物秸秆的专用设备、地磅及秸秆检测、打捆、加压、装卸、运输等基础设备。

2. 打捆压缩 要注意打捆机器偶尔发生的缠绕、堵塞工作部件等问题；还要注意各个厂家的设备采用的捡拾、预压打结定时传动的方式和结构以及自动化程度等差异。

3. 选址要求和场地要求 标准化收储中心选址应做到周边秸秆资源丰富，交通和水源便利，距高压线50米以外；收储容量在10 000吨以上的大型收储中心距生活区100米以外，收储容量在10 000吨以下的中小型收储中心距生活区 50 米以外，确保存储安全。场地要根据用地地势、地形合理布置，场区平坦、不积水；场地周围建有围栏或围墙；秸秆堆料场地面要进行防渗、防潮处理，有条件的地方可对地面进行硬化；秸秆堆料场要保证通风散热，有防雨防潮设施；堆料棚建设建议采用钢架结构，设计和施工要符合相关技术规范，保证安全性和实用性。

4. 安全标识 场区内设施需有防火警示标识；按照相关标准建设消防、防雷等安全设施；消防设施及器材应齐全，建有消防井或消防池，或借助周边河流保障消防用水；配备监控系统，监控范围全覆盖；电气设备安装及秸秆堆放注意防火安全。

【应用效果】

在黑龙江省七台河市勃利县以该县为中心进行秸秆收集，2 台旋转指盘式搂草机（图 1-1）每年秸秆收集面积 6 万亩*以上。作业时，拖拉机前进直接带动搂草机向前行走，指盘式搂耙通过与地面接触自驱旋转，多个指盘的组合将秸秆搂起集条。搂草机需要配备相应动力的拖拉机。

收储运经济效益分析：整套设备运行需要燃油、机油以及驾驶员等，每天运行成本合计 440 元，平均每天收集 40 公顷秸秆，每天可收益 460 元。

图 1-1　旋转指盘式搂草机

技术 2　农作物秸秆压缩与打包技术

【技术概述】

作物成熟收获后，农作物秸秆产量大、收集堆放空间有限。因此，压缩和

---

　　*　亩为非法定计量单位，1 亩＝1/15 公顷。

打包对农作物秸秆的资源回收有重要意义。把集条后的秸秆捡拾，通过绞龙机构输送到压缩室入口，压缩机构将秸秆压缩后紧密结合在一起，可缩小秸秆体积，便于储存和运输，提高了生产效率，减少了生产成本。压缩后的秸秆可广泛用于青贮饲料、秸秆保温墙及燃料等，有利于加快秸秆综合利用技术的推广应用步伐。

【适用范围】

小麦、大豆、水稻、玉米等常见农作物的秸秆压缩打包均可适用此技术。秸秆经打包后，体积可缩小 2/3 以上，堆放面积不大的场地也能适用。北方连片土地，收获后秸秆集中，适合使用大中型设备，效率高。

【技术流程】

秸秆捡拾 → 秸秆粉碎 → 秸秆压缩 → 方包打结圆包缠网 → 落料

【技术要点】

1. 揉搓粉碎　秸秆打捆前将收获后的玉米秸、豆秸等农作物秸秆经秸秆揉搓机处理，破坏秸秆的粗硬外皮和硬质茎结，使之成为无硬节、较柔软的丝状物料，经自然晾晒水分达 60%～65% 可打捆。

2. 压缩打包　打捆机压制成 [30×30×(60～80)] 厘米的秸秆捆，或用液压打包机打包压缩成 (60×40×20) 厘米的大截面秸秆块，比自然堆放的秸秆缩小储运体积 5～7 倍。

【应用效果】

在以黑龙江省齐齐哈尔市泰来县为中心的周边种植区域，将秸秆收集之后，使用 10 台圆包打捆机（图 1-2）每年合计处理秸秆面积 5 333 公顷左右，打圆包每年合计达到了 18 万包。

图 1-2　圆包打捆机

在黑龙江省七台河市勃利县，以该县为中心将秸秆收集之后进行压缩打方包，用 15 台方包打捆机每年合计处理秸秆 4 000 亩 2.5 万吨，约 115 万个小方包。

技术 3　园林树枝破碎运输技术

【技术概述】

园林垃圾作为绿地生态系统物质循环和能量流动的重要环节，含有丰富的营养成分，能增加土壤有机质，改良土壤性状，维持绿地生态平衡。园林树枝破碎处理技术能有效将园林垃圾变废为宝，在现阶段的生活生产中，工人不用将湿树枝晒干后再粉碎，而是直接粉碎，提高了生产效率。树枝粉碎机可采用电动机驱动也可以采用柴油机驱动，树枝粉碎机配备有发电机、电瓶、牵引架、升降支架、移动轮胎、进料液压驱动，高喷出料调节转向的配置使设备的性能及工作效率大大提升。不管是在田间地头还是在园林工厂，进行抢险救援时均可以随时就地粉碎，直接装车。

【适用范围】

物料粉碎车适用于公园、公共绿地等大范围区域养护过程中产生的树枝、树叶、杂草等园林废弃物。树枝粉碎机适用于小范围的园林、果园、公路树木养护，以及公园、小区道路抢险粉碎树枝。园林废弃物粉碎后不仅方便运输，而且还可以用在多种途径，经过发酵、腐熟后加工等生态化处理，制成植物栽培基质、绿色堆肥、绿地覆盖物及土壤改良剂等相关产品。这样就达到了废弃物再次循环利用的目的，实现了生态效益和经济效益共同提高。

【技术流程】

枯枝落叶 → 收集 → 粉碎 → 运送 → 加工

【技术要点】

1. 收集　收集点派车辆将树枝等废弃物运往处置基地；养护单位送到收集点。

2. 粉碎检查　粉碎物料长度或直径严禁超过 30 毫米，以免损坏设备造成不必要的麻烦；需要定期检查电机及设备上轴承的油量，轴承部位不能缺油；运行前检查皮带是否有磨损，以便设备的正常运转；在粉碎之前一定要检查原料上及原料中是否有铁钉及杂物，以免损伤筛孔及刀具，造成不必要的损失。

3. 场所选址　在大型公共绿地或公园内要设置收集点，使养护过程中产生的树枝等废弃物能够就近收集；小型公共绿地内产生的树枝等废弃物，则由养护单位直接收集。

【应用效果】

物料粉碎车（图 1-3）是一款以粉碎为主要功能的专项作业车，在南方城市应用广泛。如台风过后，道路两旁花木遍地，还有未落下来的折断树枝，可以通过物料粉碎车进行处理。首先，将落在路上的花木直接进行粉碎；然后，将车开到折断未落下的树枝旁，升起升降机，配合升降机上的气动剪和气动锯进行锯断，使其落在地上，再进行粉碎。可以将粉碎后的木屑进行售卖（售卖给板材厂等），也可以将木屑集中销毁。这两年在北方出现了一些农作物秸秆（棉花秆、玉米秆等）很是令人头疼。物料粉碎车在北方就可以解决此问题，将车开到秸秆的堆放处，直接进行粉碎，粉碎后的木屑可以集中堆放制作有机肥料，也可进行售卖。

园林专用果树枝切片粉碎机（图 1-4）适用于园林、林业、公路树木养护、公园、高尔夫球场等部门，主要用于粉碎修剪树木切下的各种树枝。粉碎后的树枝可用作覆盖物、园林床基、有机肥料、食用菌、生物质发电，也可用于生成高密度板、刨花板和造纸等。

图 1-3　物料粉碎车　　　　　　图 1-4　树枝切片粉碎机

粉碎的木片可以直接喷到车上，减少 80% 体积，节省运输成本，节能环保。据统计，填埋 1 吨园林垃圾投入成本是 350 元，焚烧 1 吨园林垃圾产生的二氧化碳是 230 千克，园林废弃物循环利用的比例从 12.4% 上升到 62.0%，增加了近 5 倍，效益明显。

技术 4 厨余垃圾收运技术

【技术概述】

厨余垃圾因易腐产生的臭气、臭液给生活环境带来了严重影响。收集和运输是衔接垃圾源头管理系统和处理、处置资源化系统的中间环节，在整个生活垃圾处理系统中具有十分特殊的地位。厨余垃圾收运技术通过合理地安排新式垃圾车等设备提高了收集和运输系统的效率，降低了收运系统本身的经济成本，实现了环境卫生要求的目标，还有效降低了生活垃圾的后续处理及处置难度。

【适用范围】

1. 敞开式小型设备 将日产规模小且道路状况不理想的农村产生的垃圾运送至附近的垃圾回收站。混合垃圾或分类后含水率较低的其他垃圾，适用于面积较小且人口较少的农村地区，最大服务半径 1～3 千米，有机废弃物收集频次不宜低于 1 次/天。

2. 大型密闭式桶装垃圾车 适用于生活小区、道路狭窄街道、广场、景区、公园等，进行垃圾桶的满桶空桶置换。用于混合垃圾桶运输和分类垃圾桶运输，载重 1～5 吨。

【技术流程】

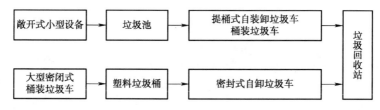

【技术要点】

1. 垃圾池收集垃圾 垃圾池应按照建设标准和环保要求规范化建设，配套收运车为密封式自卸垃圾车。该车由人工将垃圾铲起投入垃圾车或直接将散装垃圾投入垃圾车，车厢举起自卸垃圾。该种方式因地制宜，就地建垃圾池或垃圾房收集垃圾，垃圾收集车定时收运。

2. 塑料垃圾桶收集垃圾 垃圾桶容积一般为 600 升，配套收运车为提桶式自装卸垃圾车或桶装垃圾车，提桶车在原地侧装提升垃圾桶翻倒垃圾车斗自卸垃圾。

3. 设备保养 车辆应定期清洗。

【应用效果】

小型垃圾处理设备（如敞开式小型运输车，图 1-5）节约了大型运输车辆的购置费和车辆的运转费用，操作简便，大大节约了人工费和车辆运营费。

大型密闭式桶装垃圾车（图 1-6）续驶里程长，整车安全性高，操作舒适性好，箱体密封性好。

济南市七里堡市场建立厨余垃圾综合处理中心，该处理中心经过二次分拣、机器破碎、连续压榨等环节，垃圾减量率可达 50％、减容率可达 70％，目前日均处理垃圾量达 2.3 吨，让垃圾不出市场进行就地处置。

密闭式桶装垃圾车：该车动力采用高电压系统，有效减少电能传递过程中的发热损失，同时整机设计了"势能回馈-反充电系统"，在车辆下坡、制动时，电动机反拖发电，给电池充电。电池、电机、电控防护等级达到 IP67，确保整车安全。容易上手，提高驾驶舒适性。车厢采用复合材料，强度大、强耐腐蚀，整个车厢全密闭，可装 9 个 240 升标准垃圾桶。

图 1-5 敞开式小型运输车　　　图 1-6 大型密闭式桶装垃圾车

技术5　厨余垃圾压缩收运技术

【技术概述】

厨余垃圾是生活垃圾的主要组成部分，由于厨余垃圾腐烂易产生臭气、臭液，寻找新式厨余垃圾收运技术是生活垃圾收运工作的重中之重。随着国民经济的增长和国民环保意识的提高，生产生活垃圾增长较快，垃圾收运处理不能再用以往的传统收运和处理技术，新式的垃圾压缩收运技术已在国内大中型城市推广。垃圾收集将不再混合收集，而是由专用的桶装垃圾作业车辆将生活垃圾压缩、压扁、破碎，达到垃圾体积最小化、集中化，再运输至分拣站进一步细分回收再利用。

【适用范围】

适用于垃圾多而集中的居民区，以及市政、厂矿企业、物业小区等。技术类别上分为混合垃圾压缩、分类后的其他垃圾压缩、分类后厨余垃圾压缩。垃圾车载重3～20吨，转运站应选择日产量大于20吨/天的转运站。

【技术流程】

垃圾挂桶式后翻 → 簸箕斗后翻转 → 摆臂式翻转 → 垃圾刮收压缩 → 内推板卸料

【技术要点】

1. **垃圾收集**　有机废弃物应由收集车定时定点收集，并应日产日清。
2. **垃圾分类**　分类后的垃圾、有机废弃物不应混入生活垃圾收运系统。
3. **垃圾车要求**　收运车辆应密闭、低噪、防腐，不应遗撒，并应定期清洗。

【应用效果】

密闭式桶装垃圾车零排放，符合国家第六阶段机动车污染物排放标准。

湖北省某工厂生产的压缩垃圾车采用机电液一体化技术，借助机、电、液联合自动控制系统，通过车厢、填装器和推铲等专用装置，实现垃圾倒入、压碎或压扁、强力装填，把垃圾挤入车厢并压实和推卸。其主要特点是垃圾收集方式简便、高效，具有自动反复压缩以及蠕动压缩功能，压缩比高，装载质量大，作业自动化，动力性、环保性好，整车利用效率高。压缩垃圾车（图1-7）为全密封型，压缩过程中的污水直接进入污水厢，彻底解决垃圾运输过程中的二次污染问题。带挂桶提升架，可配套使用全国通用铁制挂桶或塑料挂桶。

图1-7　压缩垃圾车

第2篇 废弃物前处理与过程调控

技术1 前处理过程中臭气控制技术

【技术概述】

臭气中的气态污染物主要有氨、硫以及有机废气等，气味恶臭。随着曝气等处理手段，臭气挥发出来，强烈的臭味不仅威胁现场工作人员的健康和安全，还对周边环境造成污染。臭气处理的方式有很多，对于小排放量可以利用活性炭的微孔结构和高吸附量快速吸附密闭环境中的臭气组分，达到脱臭的目的；对于大排放量，如垃圾处理厂，可用垃圾填埋场雾化设备。其主要是通过高压柱塞泵将配有除臭剂的水溶液通过高压管上的雾化喷头从上空喷出，水雾会将粉尘沉降下来。雾气中含有的除臭剂会与臭气分子充分接触反应，将臭味分子降解成 CO_2、H_2O 等无害物质，从而解决扬尘、臭气弥漫的现象，达到除臭、除尘的目的。

【适用范围】

主要用于封闭环境中浓度较大的臭气控制。一般选用比表面积大、吸附能力强、化学稳定性好的活性炭作为吸附剂，可快速吸附大量臭气。适用于中转站内暂存的垃圾堆体，同时适用于餐厨垃圾、厨余垃圾和混合垃圾，也适用于排放量大、高浓度的臭气排放场合，如污泥稳定、干化处理和焚烧过程所产生的恶臭处理等。

【技术流程】

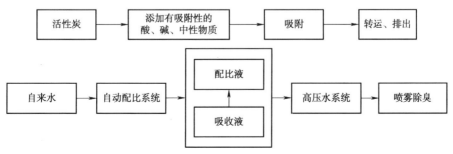

【技术要点】

1. 活性炭使用技术要点

（1）活性炭。吸附过程不可逆转，需要定期更换，维持良好的除臭效果。

（2）使用环境。温度不超过 40℃，最佳温度为 25℃。

（3）用量和吸附量。活性炭是最常用的一种吸附剂，对大部分的有机废气都有很好的净化效果。一般的气用活性炭达到饱和吸附时的吸附量约为 35％，应用于净化设备吸附量可达到 20％～25％，即每吨活性炭可吸附 200～250 千克的有机气体。

2. 喷淋法除臭技术要点

（1）设备参数。化学洗涤除臭设备常用填充塔，化学吸收液从塔顶往下喷淋，废气向上流，臭气与吸收液充分接触、反应而被去除。吸收液与废弃流量比例（液气比）一般为 1～3 升/立方米，填料高度一般为 2～5 米，气流空塔流速一般为 0.5～1 米/秒。操作良好时，除臭效果可达到 90％以上。

（2）化学吸收剂。碱性溶液：常用含有 1％～10％氢氧化钠的溶液，对消除硫化氢很有效。其他如甲硫醇、硫化甲基、二硫化甲基、低级脂肪酸等经常在废水处理厂造成臭味的物质，用此法处理可获得甚佳的效果。

酸性溶液：主要用于消除由氨、三甲胺等碱性气体所致的臭味，一般多用硫酸（0.5％～5％的溶液）作为洗涤液。

次氯酸钠溶液：次氯酸钠一般与酸、碱性吸收液一起使用，对于其他方法很难消除的硫化甲基，使用次氯酸钠吸收液的控制效果甚佳。处理污水场高浓度臭气时，次氯酸钠溶液浓度（有效氯浓度）约为 500～2 000 毫克/升；而处理较低浓度臭气时，使用的次氯酸钠溶液浓度约 50～500 毫克/升。

【应用效果】

研究发现，竹炭对甲醛有很好的吸附作用。随着溶液温度的升高，对甲醛的吸收率也升高。该项技术被广泛地应用在家庭装修后甲醛的去除。适用于处理中低浓度的有组织排放的恶臭气体，费用低，设备简单。但其吸附量有限，抗湿性能差，再生困难，造价高，有被新材料取代的趋势。

河北省某公司生产的垃圾填埋场高压雾化设备（图 2-1），主要用于环卫部门、学校、工厂、医院、居民小区等单位。该设备是由主机和配套的高压管、喷头组成。主机集电机、水泵、水箱和电气控制为一体，安放在压缩垃圾中转站靠近水源、电源的位置，主要用于压缩垃圾中转站内喷雾降尘除臭。站内以环绕的方式架设高压管，其高度设定为略高于垃圾压缩设备但不影响其正常作业，在高压管上以 1.5 米的距离均匀布置雾化喷头（根据现场情况合理布置，如喷头间距、合理避开门口、电器设备等）。喷淋法臭气控制设备能达到去除垃圾臭味、杀菌率 99％、驱赶蚊虫及抑制垃圾臭气产生等多重效果。

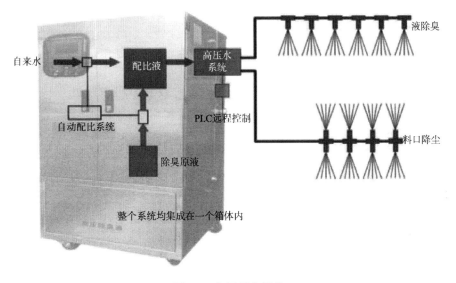

图 2-1　高压雾化设备

技术 2　前处理过程中渗滤液全量处理技术

【技术概述】

一种涉及生物化学的基于厌氧处理-膜生物反应器（MBR）-纳滤膜技术的垃圾渗滤液处理系统。垃圾填埋场和焚烧厂产生的渗滤液先进入调节池，经调节水质、水量后用泵提升至厌氧反应器，去除难降解有机物并提高废水的可生化性，再自流进入 MBR 系统，采用反硝化和超滤后去除大部分总氮和有机物，然后经过纳滤进一步去除污染物，出水水质达标后作为焚烧厂冷却水回用。纳滤产生的浓缩液达标排放至回灌填埋场。

【适用范围】

垃圾渗滤液是一种高浓度有机废水，具有污染物成分复杂、水质波动大、有机物和氨氮浓度高等特点。因此，选择一种合适可靠的废水处理工艺尤为重要。既能保证有机物的彻底去除，又有良好的脱氮效果。适用于生活垃圾渗滤液和填埋场渗滤液等的处理。

【技术流程】

【技术要点】

1. 处理渗滤液条件 先考虑将填埋和焚烧产生的渗滤液充分混合以均衡水质，再通过厌氧处理降解大分子有机物，提高废水的可生化性，去除部分悬浮物（SS）和化学需氧量（COD），将有机氮转化为氨氮。

2. 处理过程设备要求 考虑厌氧处理对有机物的降解，设置超越管，在碳源不足、氨氮较高时，部分废水直接进入 MBR 系统；同时，考虑采用加投淀粉来补充碳源。

3. 处理设备组成 纳滤装置由原水泵、保安过滤器、纳滤（NF）本体装置、加药系统和清洗系统组成。NF 膜采用抗污染膜元件。

【应用效果】

安徽某生活垃圾卫生填埋场渗滤液处理工程设计处理量为 200 立方米/天。

垃圾渗滤液处理系统启动时，生化系统接种污泥投加完成后，应控制系统内合适的污染物浓度，一般 COD 应控制在 500 毫克/升，NH_3-N 浓度最好在 100 毫克/升以下，最高不宜超过 150 毫克/升。此污染物浓度有利于生化系统的快速启动。

COD 的去除主要依靠厌氧-MBR 处理单元，一般厌氧-MBR 处理单元对 COD 去除率在 85% 以上，出水 COD 在 500~600 毫克/升。后端必须采用深度处理工艺，才能保证最终出水水质达到排放标准。

技术3 有机废弃物挤压破碎技术

【技术概述】

挤压破碎技术为湿式厌氧发酵的预处理工艺，通过外力将大块的有机废弃物破碎为浆液，去除生活垃圾、秸秆和塑料等废弃物，为后续处理提供合适的浆料，有利于废弃物的资源化和减量化。经过破碎处理的废弃物，由于消除了大的空隙，不仅尺寸大小均匀，而且质地也均匀，在填埋过程中压实。去除有机废弃物中的金属、塑料、织物等杂质，减小废弃物粒径，增加均匀度。

【适用范围】

挤压破碎技术可实现废弃物的资源化和减量化，适用于全国范围的有机废弃物预处理工艺。挤压破碎技术适用于湿式厌氧发酵，日处理规模依所在地区人口规模而定，可以达到 100～300 吨/天。挤压破碎技术处理有机废弃物，一般垃圾量可减少 30％，有些材料甚至可以缩减到 50％。

【技术流程】

【技术要点】

1. 设备运行要求　设备应运转平稳，没有卡阻和异常声响。

2. 给料速度　给料速度要均匀。主要包括大件垃圾分选、挤压破碎、筛分和制浆。目的是去除硬性杂质、减小粒径，最终得到粒径约 6 毫米的均匀浆料。

3. 物料形态　含固率≤15％，粒径≤6 毫米。

4. 物料尺寸　进入的物料尺寸三边之和小于 350 毫米，避免有硬质物。

【应用效果】

山东省某公司生产的颚式破碎机，应用于有机垃圾破碎，设备类型为齿辊式破碎机。可应用于不同的有机垃圾，给料粒度控制在 15～50 厘米，出料粒度为 80～150 毫米。适用于抗压强度小于 200 兆帕、湿度小于 30％ 的硬和中硬物料的细碎固体物料，本机器有使用维修费特低、破碎比大、粉尘少、噪声低、颗粒度均匀等特点。对辊破碎机是利用两个高强度碾辊通过相对旋转产生的高挤压力和剪切力来破碎物料。物料进入两辊间隙（V 形破碎腔）以后，受到两辊相对旋转的挤压和剪切作用，将物料破碎成需要的粒度从排料口排出。

技术 4　有机废弃物挤压脱水技术

【技术概述】

挤压脱水技术为干式厌氧发酵的预处理工艺，将有机物料中的液体挤出，并实现无机物料渣液分离的技术。靠进料箱、螺旋、筛网、尾锥四者的配合来实现物料榨汁脱水的目的。待处理的物料经过泵或螺旋等工具均匀地输送到榨汁脱水机的进料口，经过螺旋叶片的挤压和筛网的过滤，水或者汁液经过筛网流到机器下面的接水盘收集后经过管路接走，榨汁脱水后的渣通过输送带输送到指定地方。

【适用范围】

挤压脱水技术适用于发酵沼渣脱水、分离或分选处理，如包装食品及菜市场垃圾、城市有机垃圾、食品垃圾和家庭袋装垃圾等。挤压脱水技术适用于干式厌氧发酵，日处理规模依所在地区人口规模而定，可以达到100～300吨/天。

【技术流程】

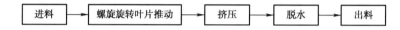

【技术要点】

1. 设备要求 设备应运转平稳，没有卡阻和异常声响。主要包括大件垃圾去除、挤压、破碎和制浆。目的是去除硬性杂质，减小粒径，最终得到粒径约50毫米的均匀浆料。

2. 给料速度 给料速度要均匀。

3. 物料状态 含固率＞15％，粒径≤50毫米。

4. 物料要求 进入的物料避免有硬质物，尺寸三边之和小于350毫米。

【应用效果】

挤压脱水技术作业机构简单，速度快，效率高，能有效快速地对污泥进行脱水，比传统的搅拌沉淀式污泥脱水机构效率提高约20％。压榨能够稳定、顺畅地连续运行，故障率低，运行和维护费用低，极高的出汁率和脱水率是其突出特点；同时，带核榨汁也是它的一个独特功能。部分物料脱水后干度达到20％，呈现出普通榨汁机或者脱水机难以达到的满意效果，为废物回收再利用或者汁液的提取带来可观的经济效益。北京丰台餐厨厨余厂（位于北京市丰台区生活垃圾循环经济园），使用挤压脱水技术每天可处理餐厨200吨＋厨余300吨＋30吨废弃油脂。

技术5 堆肥过程调理技术

【技术概述】

单一有机废弃物的原始碳氮比、含水率等，通常不能满足微生物的生长需求，达不到好氧发酵条件。因此，通过添加调理剂，调控堆肥物料的原始碳氮比、含水率，增加堆料与空气的接触面积，可满足好氧微生物对生长环境的要求，并提高堆肥产品的品质。根据调理剂的作用不同，可将其分为调节剂、膨胀剂、重金属钝化剂和起爆剂。

【适用范围】

该技术适用于农作物秸秆、菜田尾菜、畜禽粪便、家庭厨余垃圾、园林废弃物以及污泥等有机废弃物的堆肥处理过程。

【技术流程】

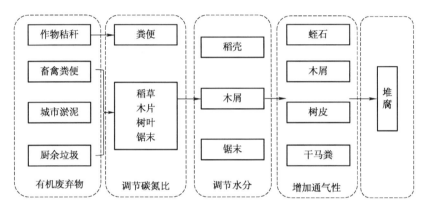

【技术要点】

1. 碳氮比调控 堆肥开始前，调节堆肥物料碳氮比为（25～40）∶1。常用的碳氮比调节剂有稻草、秸秆、树叶、木片、锯末和回流堆肥等。

2. 水分调控 在堆肥开始前，需将物料含水率调至最佳初始含水率（50%～60%）。常用的水分调节剂有木屑、稻壳、麦秆、稻秆和锯末等。

3. pH 调控 堆肥开始前调节物料初始 pH，控制在 6.5～8.0，常用的 pH 调节剂有碳酸钙、生石灰、石膏等。

4. 通气性调控 当处理含水多、颗粒细的有机废弃物（如厨余垃圾）时，可选用膨胀剂增加通气性。常用的膨胀剂有锯末、作物秸秆等。

5. 重金属调控 常用的重金属钝化剂有石灰、沸石、铝土矿渣、粉煤灰等，处理后，重金属含量应符合农业行业标准《有机肥料》（NY 525—2021）中 4.2.3 的限量指标要求。

6. 堆肥启动调控 常用的起爆剂包括糖、蛋白质以及微生物容易利用的化学物质。起爆剂能够增加微生物的活性，加快堆肥反应速度。

技术6 腐熟剂选择与使用技术

一、秸秆腐熟菌剂

【技术概述】

秸秆腐熟菌剂是指能加速各种农作物秸秆腐熟的微生物活体制剂。目前，市售产品主要由芽孢杆菌、酵母菌、霉菌等复配而成。其作用机理是，腐熟菌剂中的活性微生物大量繁殖能有效地将秸秆中纤维素、半纤维素分解成作物可以利用的小分子物质，同时释放氮、磷、钾等大量元素和钙、镁、钼等中微量元素，有效改良土壤通气性和保肥保水功能，从而改善植物生长环境。秸秆腐熟菌剂是有机物料腐熟剂中的一种，产品的技术指标应符合《农用微生物菌剂》（GB 20287—2006）的要求。

【适用范围】

该技术适用于多种植物源有机废弃物的堆肥处理过程，加快农作物秸秆的堆腐进程。

【技术流程】

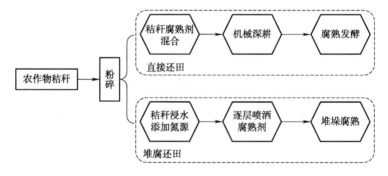

【技术要点】

1. 依据还田方式选择 秸秆堆腐还田时，应选择使堆体升温速度快和腐解速度都很快的秸秆腐熟剂（含酵母菌、芽孢杆菌等好氧或兼性好氧菌）；而秸秆直接还田时则选择降解纤维素、半纤维素、木质素能力强的秸秆腐熟剂（如木霉、黑曲霉、白腐菌等）。

2. 依据堆腐方式选择 秸秆腐熟剂使用通常有两种方式，即秸秆直接还田和秸秆堆腐还田。针对秸秆直接还田，应在腐熟剂中根据还田地理位置添加相应的嗜热、耐热或中温、低温菌种。

3. 提供微生物生长环境　秸秆腐熟过程中，提供腐熟剂生长代谢环境，如供氧等措施。

【应用效果】

通过该技术处理能够提高秸秆利用率，杜绝秸秆焚烧造成的环境污染；同时，实施该技术可减少化学肥料用量，节约化学肥料成本。以黑龙江省绥化市兰西县和庆安县为例，以市售秸秆腐熟剂为激发剂（图 2-2），其单价1.8 万/吨，用量为 0.4%，以尿素或牛粪为调节剂调节碳氮比，采用原位腐熟技术处理农作物秸秆，年产出秸秆有机肥可应用 600 万亩土地，年可节约化学肥料成本 1.2 亿元以上。三年后将有 150 万亩耕地得到初步改良，化肥施用量减少 30%，农药施用量减少 15%，除草剂施用量减少 20%～30%，有机质含量增加 2%～3%。

图 2-2　农作物秸秆腐熟剂使用现场

二、畜禽粪便腐熟菌剂

【技术概述】

畜禽粪便腐熟剂由嗜热或耐热细菌、真菌、酵母菌菌株复合而成，其降解能力强，能够快速分解蛋白质、纤维素、半纤维素等，同时达到升温、除臭、消除病虫害和杂草种子及提高养分的效果。在适宜的条件下，能迅速将堆料中的碳、氮、磷、钾、硫等分解矿化，形成简单有机物，从而分解为作物可吸收的营养成分。畜禽粪便腐熟剂是有机物料腐熟剂的一种，产品的技术指标符合《农用微生物菌剂》GB 20287—2006 的要求。

【适用范围】

该技术适用于多种动物源有机废弃物的堆肥处理过程，可加速畜禽粪便的腐解，提高产品品质。

【技术流程】

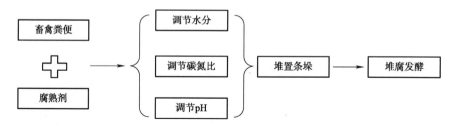

【技术要点】

（1）依据物料特性选择。畜禽粪便的营养成分多为蛋白类物质，在选择腐熟剂时选择以蛋白质降解菌为核心微生物的产品，一般含芽孢杆菌、酵母菌等。

（2）依据处理工艺要求。有一些畜禽粪便（如猪粪）需要干湿分离，分为不同工艺处理干基和湿基。湿基的处理除了加入芽孢杆菌、酵母菌等，一般还要加入光合细菌、乳酸菌等。

（3）提供微生物生长环境。在好氧堆腐过程中使用畜禽粪便腐熟剂，依据堆体温度，及时翻堆效果更佳。

【应用效果】

畜禽粪便腐熟剂可将畜禽粪便无害化处理成有机肥料，使畜禽粪便变废为宝。不仅可减少环境污染，防止疾病蔓延，而且减少了化肥用量，使粮食生产节本增效，利于改良土壤和培肥地力，同时带动养殖业、种植业、微生物肥料等相关产业发展，具有良好的生态效益和社会效益。以通化市某养禽企业为例，按鸡粪40%、调理剂（原料：草木灰20%、稻壳29%、腐殖酸10%、白灰0.5%、葡萄糖0.1%）60%混合拌匀堆腐发酵进行鸡粪的资源化和无害化处理。原料基肥的价格是600元/吨，扣除基础原料成本480元/吨，运营成本70元/吨，每吨可赢利50元。某蛋鸡养殖场存栏蛋鸡10万只，年产鲜鸡粪4 380吨，按鲜鸡粪添加40%计算，年可加工原料基肥10 950吨，每年在鸡粪加工方面可赢利55万元。

三、餐厨垃圾腐熟剂

【技术概述】

餐厨垃圾腐熟剂可分解餐厨垃圾中的淀粉、纤维素和蛋白质等，同时抑制病原菌，进而加快餐厨垃圾堆肥进程，促进堆肥腐熟程度，提高堆肥品质，并具有控制恶臭气体的效果。餐厨垃圾腐熟剂目前尚无标准，产品的技术指标可参考农业行业标准《有机物料腐熟剂》NY 609—2002 的要求。

【适用范围】

该技术适用于餐厨垃圾的堆肥处理过程，可加速餐厨垃圾堆腐进程。

【技术流程】

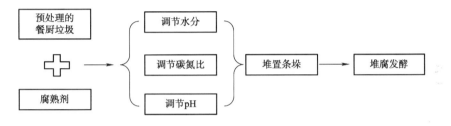

【技术要点】

1. 依据物料特性选择　餐厨垃圾的营养成分比较复杂，包括淀粉、纤维素、蛋白质等。在选择腐熟剂时，应包括淀粉降解菌、纤维素降解菌、蛋白质降解菌等多种功能微生物。

2. 依据处理工艺要求　餐厨垃圾一般含水率较大、碳氮比较低，在添加腐熟剂的同时应与其他有机物料（如作物秸秆）进行混合堆肥。因此，根据添加辅料成分的不同，可适当调整餐厨垃圾腐熟剂中的菌株种类。

3. 提供微生物生长环境　餐厨垃圾腐熟剂在堆肥过程使用时，应视堆体温度及时翻堆搅拌，保证通气量以维持腐熟剂中微生物的生长。

【应用效果】

餐厨垃圾经过该技术处理后，能实现厨余垃圾的无害化、减量化和资源化。通过对餐厨垃圾的集中专业化处理，大大改善了该类垃圾对环境的影响，很大程度上杜绝了"泔水猪"和"地沟油"对人民群众食品安全方面的危害。以南京市秦淮区某资源循环处理示范站为例，处理规模为每天 6 吨，采用原位消化式堆肥工艺，该示范站装有 4 台微生物资源循环处理设备，服务内容为秦淮区餐饮业餐厨垃圾（主要为熟厨垃圾）。该项目在全密闭的环境下（微生物资源循环处理设备内）采用餐厨垃圾腐熟剂对餐厨垃圾进行高温好氧发酵生化处理，使其变成形似木板屑的产出物。以产出物"木板屑"为原料，加入玉米、秸秆、花生壳等不同辅料，经二次发酵，可加工成微生物菌剂和生物肥料。

技术 7 堆肥过程中臭气减排技术

一、原位除臭技术

【技术概述】

原位除臭技术主要是通过物理、化学和生物的单一或者多元复合方法调节堆肥物料性质，优化堆肥体系结构，实现堆肥物料无害化和气体减排的效果。物理调节主要调节堆肥物料通透性；化学调节主要是通过调节废弃物含水率、碳氮比和 pH 等，实现臭气物质减排；生物调节主要通过微生物生命活动，减少臭气的排放。

【适用范围】

该技术适用于农作物秸秆、菜田尾菜、畜禽粪便、家庭厨余垃圾以及园林废弃物的堆肥处理过程。

【技术流程】

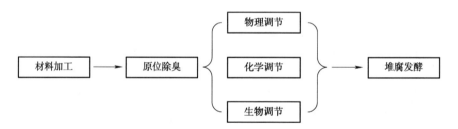

【技术要点】

1. 物理调节技术 在堆肥反应前，通过优化初始物料孔隙度，增加堆体通气性，实现高温好氧堆肥。例如，稻草、秸秆、树叶、木片、锯末和沸石等具有较高的碳氮比和较低的含水率，可以作为调理剂对物料通透性进行调节。

2. 化学调节技术 在堆肥反应前调节碳氮比 [(25～40)∶1] 和 pH（6.5～8.0）等，以达到最佳的堆肥条件，亦可适当添加硼酸、乳酸等酸性物质原位吸收氨气等臭气物质，实现臭气物质减排。

3. 生物调节技术 在正常的堆肥条件下，添加 0.05%～1% 的具有脱臭作用的微生物菌剂。微生物菌剂既可以加快堆肥发酵速度，同时还可以减少臭气物质的排放量。

【应用效果】

该技术是保证有机废弃物堆肥顺利进行的必要条件。物理和化学调节不存在投资成本太高的问题，而且生物调节成本在每吨 10 元以下。通过该技术减少堆肥过程中臭气物质的产生，可减少对环境的污染。

二、异位除臭技术

【技术概述】

异位除臭技术是在堆肥堆体外部采取物理、化学和生物的单一或者多元复合方法，通过阻断、屏蔽、吸收或分解等手段解决臭味气体的释放，从而达到无害化处理的目的。小规模的简易静态堆肥采用简单的覆膜处理，防雨保温，同时起到除臭的效果；中等规模的条垛式堆肥采用化学和生物菌剂的喷淋技术，实现保氮除臭的效果；大规模堆肥厂通过吸收塔进行臭气的消纳和无害化处理。

【适用范围】

该技术适用于农作物秸秆、菜田尾菜、畜禽粪便、家庭厨余垃圾以及园林废弃物的堆肥处理过程。

【技术流程】

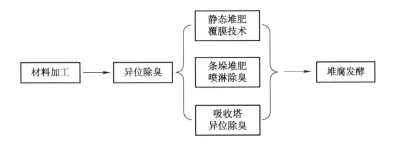

【技术要点】

1. 覆膜技术 用于废弃物静态条垛式发酵，在堆肥物料混合均匀成堆后（可添加有机物料腐熟剂），外面进行膜覆盖。实现简单堆肥无害化和臭气物质减排。

2. 喷淋技术 用于工厂化槽式堆肥，在翻堆过程中进行化学药剂和生物菌剂的喷淋。

3. 吸收塔技术 具有密闭特性和负压条件的大规模工厂化堆肥车间，可将车间内的臭气吹入吸收塔内，通过化学吸收或者生物分解的作用，快速净化气体，排出气体符合《恶臭污染物排放标准》（GB 14554）的要求。

【应用效果】

该技术是保证有机废弃物堆肥顺利进行的必要条件。通过该技术减少了堆肥过程中臭气物质的产生，减少了对环境的污染。由中国农业机械化科学研究院旗下公司设计的好氧发酵臭气治理工程（图 2-3）作为异位脱臭的典范案例，位于山东省济宁市一工业园区，将堆肥化过程和异位脱臭有效连续。堆肥化过程采用负压密闭堆肥，发酵车间的臭气经过串联负压收集系统，通过风机动力系统集中输送至生物除臭系统，臭气先经过预湿洗涤处理，然后经过生物过滤池降解和吸收堆肥发酵过程中产生的硫化氢、氨气、甲硫醚等异味的气体，实现堆肥过程中的异位脱臭，净化后的气体再通过塔顶直接排放。排放后的气体经检测达到《恶臭污染物排放标准》（GB 14554）的要求。

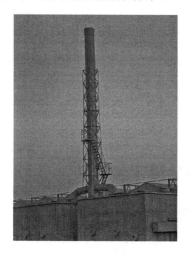

图 2-3　异位除臭技术实际应用

第3篇 有机废弃物处理

技术1 气肋膜除臭条垛式堆肥技术

【技术概述】

气肋膜除臭条垛式堆肥技术（图3-1）是在传统堆垛基础上，加入气肋膜设计。该设计具有气肋双层膜构造和除臭基座，能够隔离和去除恶臭与水蒸气，并实现水分和臭气的同步控制；水蒸气高渗透性内膜能确保在强制通风时，堆体水分及时排出，同时双层膜构造确保臭气不外溢。另外，气肋双层膜构造可以降低强制通风能耗，加速生物反应速率，缩短堆制时间。

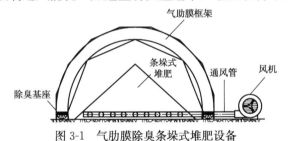

图3-1 气肋膜除臭条垛式堆肥设备

【适用范围】

该技术适宜处理农作物秸秆、菜田尾菜、畜禽粪便、家庭厨余垃圾以及园林废弃物，就地发酵堆肥。处理规模可以根据处理量灵活选择处理体积。处理场地无需基建，可适用于新建工程或已有堆肥工程的改造。

【技术流程】

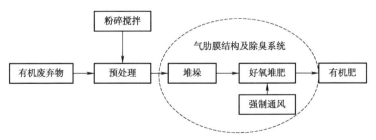

【技术要点】

1. 物料前处理 农作物秸秆、菜田尾菜、园林废弃物、家庭厨余垃圾（少油盐）应去除塑料、玻璃等杂物，堆肥之前需粉碎，粒径≤5厘米。

2. 物料碳氮比与菌剂 一般碳氮比控制在（25～40）∶1。为了提高堆肥效率，可以根据物料种类选择适宜的腐熟菌剂。

3. 物料混拌 在适宜的物料配比基础上，混拌后的含水率一般控制在50%～60%，准备建堆。

4. 选址建堆 选择合适的堆肥场地，可以满足大型机械的操作及堆肥原料的运输，方便生产。在进行膜结构的搭建时要保证膜体的完整性，堆垛大小要符合标准，常见适宜规模为底宽3～5米、高2～3米，长度不限。

5. 过程控制 采用机械翻抛进行水分和空气调节，对膜内物料的温度、湿度和氧气浓度等参数进行调控，使其满足好氧堆肥的基本需求。一般氧气浓度要求不低于10%，以提高堆肥效率。

6. 腐熟结束 腐熟结束物料为褐色或黑褐色。腐熟的有机物料陈化10天左右，可直接还田，也可作为基质料和土壤改良剂原料。

【应用效果】

该技术适用于农村生活垃圾分类后的易腐垃圾，以及农林废弃物等农村多源有机废物的就地就近协同处理与资源化利用，可减少垃圾外运产生的运输中转费用（100～200元/吨）。运行费用仅涉及电费、人工费和生态除臭材料费。以日处理量2吨的示范规模计算，设备投资约32万元；占地面积80～100平方米，每吨处理成本为45元；以普通有机肥600元/吨计算，投入产出比为1∶13（表3-1）。处理后的有机物料直接适用于农田果园和菜园，减少了化肥用量，可改善农业和农村环境。

表3-1 气肋膜除臭条垛式堆肥技术处理案例

日处理量（吨）	投资概算（万元）	占地面积（平方米）	日耗电（度）	配备人员（人）	处理成本（元/吨）
2	32	80～100	100	1	45

技术2 太阳能辅助槽式好氧堆肥技术

【技术概述】

太阳能辅助槽式好氧堆肥技术是在传统的槽式堆肥基础上，增加太阳能集热系统，可以使整个堆肥系统具有良好的升温和保温效果，也可以缩短低温条件下发酵启动时间，促进物料发酵进程，缩短发酵周期。

【适用范围】

该技术适合于大规模连续式处理生活垃圾、污泥、厨余垃圾、畜禽粪便、园林废弃物、酒糟、药渣、果皮、木薯渣、植物秸秆等有机固体废弃物，需要固定场地和低成本的土建投资。

【技术流程】

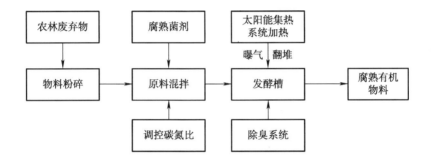

【技术要点】

1. 物料前处理　农作物秸秆、菜田尾菜、园林废弃物、家庭厨余垃圾（少油盐）应去除塑料、玻璃等杂物，堆肥之前需粉碎，粒径≤5厘米。

2. 物料碳氮比与菌剂　一般碳氮比控制在（25～40）：1。为了提高堆肥效率，可以根据物料种类选择适宜的腐熟菌剂。

3. 物料混拌　在适宜的物料配比基础上，混拌后的含水率一般控制在50%～60%，准备建堆。

4. 物料建堆　在符合要求的发酵槽内建堆，国内的浅槽一般为1～1.2米。

5. 太阳能辅助升温　在普通槽式好氧发酵系统的基础上，增加太阳能集热系统，有效利用太阳能的热量解决好氧发酵过程中启动温度低的问题。

6. 过程控制　采用曝气翻堆等措施，对堆肥物料的温度、湿度和氧气浓度等进行调控，使其满足好氧堆肥的基本需求。一般氧气浓度要求不低于10%，以提高堆肥效率。

7. 腐熟结束　腐熟结束物料为褐色或黑褐色。腐熟的有机物料陈化10天左右，可直接还田，也可作为基质料和土壤改良剂原料。

【应用效果】

太阳能辅助槽式好氧堆肥技术适合规模化处理。通过调整进出料工艺，可以实现连续式处理模式，适合有机废弃物量较大，而且对环境质量要求较高情况下使用。北京市密云区西田各庄镇 4 000 头规模奶牛养殖场，建成日处理量 80 吨的处理基地，设备和土建投入 600 万元（表 3-2），处理成本 300 元/吨，以市场上牛粪有机肥价格 800 元/吨计算，投入产出比为 1：2.7，确保京郊环境健康的前提下，促进京郊畜牧业的有序发展。

表 3-2　太阳能辅助槽式好氧堆肥系统处理案例

日处理量（吨）	投资概算（万元）		占地面积（平方米）	日耗电（度）	日投入辅料（元）	配备人员（人）	处理成本（元/吨）	服务村民（人）
	设备	土建						
80	280	320	3 000	800	800	14	300	6 500

技术 3　卧旋式好氧发酵技术

【技术概述】

卧旋式好氧发酵技术是借助卧旋式设备堆肥的一种反应器式堆肥方式，设备为水平滚筒式，由物料传输系统、罐式堆肥系统、气体处理和电控系统 3 部分组成（图 3-2）。气体处理系统将罐内排出的臭气通过管道收集到热交换器中，经热交换使其中的水蒸气冷凝成水滴排出；而经过冷凝除水的干燥臭气从冷凝器的出口经管道再由发酵罐的另一端注回发酵罐中。这种卧旋式设计，减去传统堆肥过程中物料翻倒的费时、费力程序，同时，旋转过程中强制通风可确保堆体中氧气浓度，提供良好的好氧发酵环境。因此，与传统堆肥相比，反应器堆肥极大地缩减堆肥进程，一般堆肥周期为 7～15 天。

图 3-2　卧旋式好氧发酵技术设备

【适用范围】

该技术在适用原料上，适合各类有机废弃物，如秸秆、畜禽粪便、餐厨垃圾、园林废弃物等。在处理规模上，一个罐体单次处理体积是 30 立方米，可以根据处理量进行罐体的串联和并联，适合中、大型处理规模。

【技术流程】

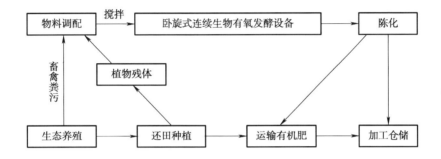

【技术要点】

1. 物料前处理　农作物秸秆、菜田尾菜、园林废弃物、家庭厨余垃圾（少油盐）应去除塑料、玻璃等杂物，堆肥之前需粉碎，粒径≤5 厘米。

2. 物料碳氮比与菌剂　一般碳氮比控制在（25～40）∶1。为了提高堆肥效率，可以根据物料种类选择适宜的腐熟菌剂。

3. 物料混拌　在适宜的物料配比基础上，混拌后的含水率一般控制在 50%～60%，准备建堆。

4. 旋转和通风频率　根据物料不同，控制反应器旋转和通风频率，6～10 小时通风一次，每次通风 15～30 分钟，发酵周期 7～15 天。

5. 腐熟结束　腐熟结束物料为褐色或黑褐色。腐熟的有机物料陈化 10 天左右，可直接还田，也可作为基质料和土壤改良剂原料。

【应用效果】

卧旋式好氧堆肥技术运营成本低、占地少、省人工；环境友好型，反应器设计全密封，零污染、零排放；适合场地固定、废弃物量较大的规模化处理的养殖企业、园区、有机垃圾处理站等。以北京市昌平区流村镇日处理量 12 吨的处理基地为例核算（表3-3），主要处理物料为基地周边果林剪枝，购置 2 个发酵罐，每罐处理 30～35 立方米废弃物，处理基地占地面积 300 平方米，每吨处理成本 150 元，以普通商品有机肥 600 元/吨的价格计算，投入产出比为 1∶4。

表 3-3　卧旋式好氧发酵技术处理案例

日处理量（吨）	投资概算（万元）		占地面积（平方米）	批次耗电（度）	日投入辅料（元）	配备人员（人）	处理成本（元/吨）	服务村民（人）	运行模式
	设备	土建							
12	90	0	300	200	120	1	150	2 000	村镇自行管理

技术 4　箱式好氧发酵技术

【技术概述】

箱式好氧发酵技术借助箱式堆肥反应器完成堆肥过程，设备由原料预混系统、好氧发酵主体系统和尾气除臭系统等组成（图 3-3），实现了堆肥的傻瓜化控制。好氧发酵升温快、堆肥周期短，发酵 10～15 天后即可达到无害化卫生标准。

图 3-3　箱式好氧发酵技术设备

【适用范围】

该技术适用于厨余（餐厨）垃圾、污泥、畜禽粪便、秸秆等有机固体废物原料的稳定化、无害化、减量化和资源化处理。规模上，适用于中小规模有机废弃物肥料化处理。

【技术流程】

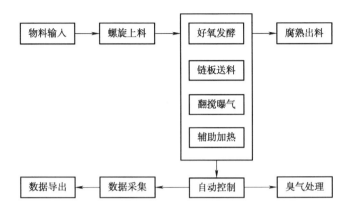

【技术要点】

1. 物料前处理　农作物秸秆、菜田尾菜、园林废弃物、家庭厨余垃圾（少油盐）应去除塑料、玻璃等杂物，堆肥之前需粉碎，粒径≤5厘米。

2. 物料碳氮比与菌剂　一般碳氮比控制在（25～40）：1。为了提高堆肥效率，可以根据物料种类选择适宜的腐熟菌剂。

3. 物料混拌　在适宜的物料配比基础上，混拌后的含水率一般控制在50%～60%，准备建堆。

4. 自动控制翻搅和曝气频率　根据物料不同，控制反应器翻搅和曝气频率。堆肥高温期结束后对物料进行均翻，曝气根据氧气监测探头采集的数据实时反馈自动调节（一般要求堆体内氧气不低于10%），发酵10～15天后即可达到无害化卫生标准。

5. 辅助加热（可选）　根据需要可以添加热源辅助加热系统，在寒冷冬季也可正常运行。

6. 腐熟结束　腐熟结束物料为褐色或黑褐色。腐熟的有机物料陈化10天左右，可直接还田，也可作为基质料和土壤改良剂原料。

【应用效果】

箱式好氧堆肥反应器占地面积小、土建要求低、处理过程受环境影响较小，发酵产品质量和恶臭物质控制效果好。好氧发酵升温快、堆肥周期短，发酵10～15天后即可达到无害化卫生标准；通过优化堆肥曝气及翻搅系统，设备运行电耗降低30%以上；配套智慧控制系统，实现对堆肥过程监测和调控；采用外热源辅助加热，在寒冷冬季也可正常运行。以北京市房山区窦店镇厨余垃圾与园林废弃物协同处理基地为例说明（表3-4），投资概算为225万元，占地总面积 300 平方米，日处理量 5 吨，每吨处理成本 221 元，如果以普通有机肥 600 元/吨计算，投入产出比为 1：2.7。

表 3-4　箱式好氧发酵技术实施案例

日处理量（吨）	投资概算（万元）		占地面积（平方米）	日耗电（度）	日投入辅料（元）	人员（人）	处理成本（元/吨）	服务村民（人）
	设备	土建						
5	180	45	300	659	—	2	221	9 600

技术 5　筒仓式反应器好氧发酵技术

【技术概述】

筒仓式反应器好氧发酵技术是一种借助筒仓型堆肥设备堆肥的方式，密闭式筒仓反应器采用立式筒仓结构，内部有可以输送空气和进行搅拌的中空轴和桨叶。从设备顶部进料、底部卸料，空气通风系统从筒仓的底部通入，在筒仓的上部收集和处理废气（图 3-4）。堆肥周期为 20 天左右，定期取出腐熟物料或重新装入新原料，形成连续堆肥。

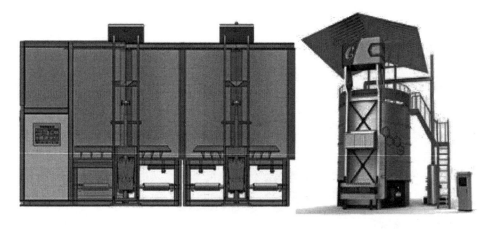

图 3-4　筒仓式反应器好氧发酵技术设备

【适用范围】

该技术在处理原料上，主要适用于厨余（餐厨）垃圾、污泥、畜禽粪便、秸秆等有机固体废物的稳定化、无害化、减量化、资源化处理；在处理规模上，适用于中小规模有机废弃物肥料化处理。处理场地固定，不可移动。

【技术流程】

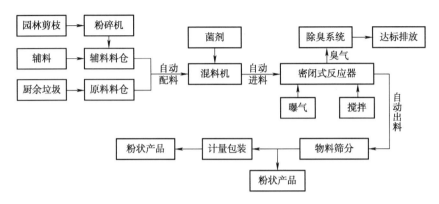

【技术要点】

1. 物料前处理　农作物秸秆、菜田尾菜、园林废弃物、家庭厨余垃圾（少油盐）应去除塑料、玻璃等杂物，堆肥之前需粉碎，粒径≤5 厘米。

2. 物料碳氮比与菌剂　一般碳氮比控制在（25～40）：1。为了提高堆肥效率，可以根据物料种类选择适宜的腐熟菌剂。

3. 物料混拌　在适宜的物料配比基础上，混拌后的物料含水率一般控制在 50%～60%，准备建堆。

4. 搅拌和曝气频率　根据物料不同，控制反应器翻搅和曝气频率。采取间歇式曝气，即开 20～30 分钟、停 30～40 分钟控制方式。进料后，搅拌 1～2 小时即可，通过搅拌促使物料铺平并混合均匀，其他时间应减少或不搅拌。堆肥周期为 20 天左右。

5. 物料装卸　定时取出腐熟物料，添加新物料。取出物料的体积或重新装入原料的体积约是筒仓体积的 1/10。

6. 腐熟结束　腐熟结束物料为褐色或黑褐色。腐熟的有机物料陈化 10 天左右，可直接还田，也可作为基质料和土壤改良剂原料。

【应用效果】

该技术对有机垃圾实现无害化、减量化处理，消除有机废弃物对环境污染风险，改善城乡居民的生活环境。在发酵过程中产生的臭气采用集中收集、集中处理、无渗滤液。投入产出比核算以江苏省苏州市吴中区临湖镇厨余垃圾、园林及种植废弃物、淤泥协同处理基地为例说明（表 3-5），日处理量 20 吨的筒仓式堆肥，投资预算是 1 600 万元，核算每生产 1 吨有机肥的成本为 160 元，按照市场价格 600 元每吨计算，投入产出比约为 1：3.7。

表3-5　筒仓式反应器好氧发酵技术投资规模与处理能力

日处理量（吨）	投资概算（万元）		占地面积（平方米）	日耗电（度）	投入菌剂（元）	配备人员（人）	处理成本（元/吨）	服务村民（人）
	设备	土建						
20	1 300	300	400	700	65	2	160	60 000

技术6　智能纳米膜法好氧发酵堆肥技术

【技术概述】

智能纳米膜法好氧发酵堆肥技术借助智能纳米膜发酵设备堆肥处理有机废弃物，智能纳米膜法好氧发酵堆肥技术设备主要由远程控制系统、膜覆盖系统、曝气系统和防渗封闭系统四部分组成。其中，膜具有微孔结构，能够阻挡堆体外水分进入和堆体内氨气、硫化氢等大分子溢出，实现堆肥过程无臭味溢出；立体多层曝气系统位于堆体底部，上面覆膜，保证堆体内微生物发酵所需氧气和温度，促进微生物代谢。发酵周期根据季节温度和物料类型有所不同，一般为7~30天。

【适用范围】

该技术在处理原料上，适宜处理农作物秸秆、菜田尾菜、畜禽粪便、家庭厨余垃圾以及园林废弃物，就地发酵堆肥。在处理规模上，一套设备一个批次处理废弃物30~120立方米，也可以根据处理量灵活放缩处理体积。在处理场地选择上，可选择移动型，也可选择固定型。移动型不受地域影响，即可在农田、大棚和温室以及园林等空地等安装可移动发酵设备；固定型即建设固定的发酵池，并安装发酵设备。

【技术流程】

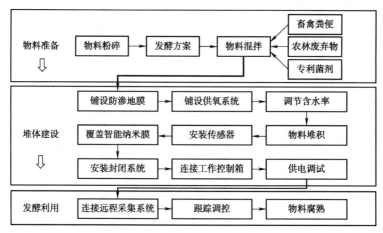

【技术要点】

1. 物料前处理　农作物秸秆、菜田尾菜、园林废弃物、家庭厨余垃圾（少油盐）应去除塑料、玻璃等杂物，堆肥之前需粉碎，粒径≤5 厘米。

2. 物料碳氮比与菌剂　一般碳氮比控制在（25～40）：1。为了提高堆肥效率，可以根据物料种类选择适宜的腐熟菌剂。

3. 物料混拌　在适宜的物料配比基础上，混拌后的含水率一般控制在 50%～60%，准备建堆。

4. 建堆铺管道　按照堆体规模铺设管道于堆体底部，物料堆一般要求宽度 1～2 米、高度 1～1.5 米、长度 10～30 米（根据实际情况可适当放缩）。

5. 覆盖纳米膜封闭　肥堆的上膜和下膜合拢，肥堆四周以沙袋等密封辅助部件压紧实，确保密闭性。

6. 通风曝气频率　曝气频率每 30～60 分钟一次，曝气每 15～30 分钟一次，保证堆肥系统内部的好氧环境，堆体发酵温度可达 55～66℃，加速堆肥过程。

7. 发酵周期　根据物料不同、季节温度不同，发酵周期有所差异。一般夏春秋季节发酵时间短，一般为 7～15 天；冬季温度低，发酵时间长，一般为 15～30 天。

8. 腐熟结束　腐熟结束物料为褐色或黑褐色。腐熟的有机物料陈化 10 天左右，可直接还田，也可作为基质料和土壤改良剂原料。

【应用效果】

智能纳米膜法好氧发酵堆肥技术由于设备投资少、处理场地无需基建、处理成本低、膜覆盖对环境产生的臭味异味少，比较适用于就近就地处理农村厨余垃圾与农林废弃物协同处理，特别适宜土地资源紧缺、缺乏固定处理场所的农村和园区（图 3-5）。以北京市昌平区兴寿镇为例，该镇为了解决就近就地处理农村家庭厨余垃圾和当地的秸秆级尾菜，采用该技术一批次处理该镇有机废弃物 60 立方米，日均处理厨余垃圾 2 吨、园林残枝落叶 20 吨、蔬菜尾秧 14 吨，总量达 36 吨，投资设备及安装 4.2 万元，处理场地占地 40～100 平方米（不需要基建），设备本身便携可移动，运营成本低，只需耗电 2～3 度/天，处理成本 20 元/吨，以普通有机肥 600 元/吨计算，投入产出比为 1：30（表 3-6）。处理后的有机物料直接适用于农田果园和菜园，减少了化肥用量，改善了农业和农村环境。

图 3-5　智能纳米膜法好氧发酵堆肥技术实际应用

表 3-6　智能纳米膜法好氧发酵堆肥技术成本分析

日处理量（吨）	投资概算（万元）		占地面积（平方米）	日耗电（度）	日投入秸秆辅料（元）	配备人员（人）	处理成本（元/吨）	服务村民（人）
	设备	土建						
2	4.2	0	40	2.4	4	2	20	600

技术 7　膜法好氧发酵技术

【技术概述】

膜法好氧发酵技术是由覆盖膜和基建地面组合进行好氧堆肥的方式，由基建地面、覆盖膜、控制系统、曝气管道等部分组成。覆盖膜具有半渗透功能，具备防水、防风、保温的功能，其气候适应性强，辅以简单的基建即可实现发酵和尾气控制；智能通风调控，实现远程控制。总体成本投入较低，适合中小规模投入的有机废弃物肥料化基地。

【适用范围】

该技术适合原料为畜禽粪便、厨余垃圾、秸秆、锯末、园林垃圾等。在规模上，适用于中小规模的有机固体废弃物处理。需要简单的基建，因此场地相对固定。

【技术流程】

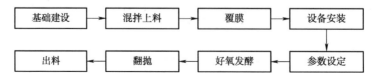

【技术要点】

1. 基础建设　地面硬化＋通风槽施工＋排水槽施工。

2. 物料前处理　农作物秸秆、菜田尾菜、园林废弃物、家庭厨余垃圾（少油盐）应去除塑料、玻璃等杂物，堆肥之前需粉碎，粒径≤5厘米。

3. 物料碳氮比与菌剂　一般碳氮比控制在（25～40）：1。为了提高堆肥效率，可以根据物料种类选择适宜的腐熟菌剂。

4. 物料混拌　在适宜的物料配比基础上，混拌后的含水率一般控制在50％～60％，准备建堆。

5. 覆膜密封　人工完成盖膜及密封。

6. 设备安装调试　控制设备的安装调试。

7. 堆肥工艺参数设定　供氧方式的控制。

8. 好氧发酵　15～25天，高温堆肥实现无害化。

9. 物料翻抛　装载机翻抛，增加均匀发酵。

10. 移膜出料　人工或机械移膜，装载机出料。

【应用效果】

该技术的设备投资少、成本低。由于功能膜本身具有选择透过性，可起到良好的减排臭气作用，比较适用于就近、就地处理农村厨余垃圾与农林废弃物协同处理。北京市大兴区奶牛养殖场畜禽粪便处理站（图3-6）利用该技术后，固态奶牛粪发酵过程比传统技术温室气体排放减量达50％以上；处理后物料好氧发酵质量显著提升，节能、减排优势明显，极大改善了养殖场及周边的空气质量。该技术应用，显著提升了牛场粪污绿色存储的技术水平和装备的智能化水平，减少了粪污储存过程的养分损失和环境污染，并推动了粪污高效、高质资源化利用，产生了良好的经济效益和社会效益。

图3-6　膜法好氧发酵技术实际应用

技术 8 传统堆肥处理农村有机废弃物技术

【技术概述】

传统堆肥技术是农业生产上历史悠久的一种农家肥制作方法，操作简单，就地取材，原料可简单混合，人工堆放，自然发酵，生产成本低廉，有效地就地处理农村生活有机废弃物，减少环境污染问题。

【适用范围】

应用范围广泛，适合各类农村就地处理作物秸秆、树木枯枝落叶、生活垃圾、畜禽养殖场废弃物等有机废弃物。适合有机废弃物原位就地处理，规模可根据需要而定。

【技术流程】

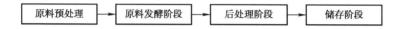

原料预处理 → 原料发酵阶段 → 后处理阶段 → 储存阶段

【技术要点】

1. 地点选择 选择离粪源较近、背风向阳、地势平坦和运输方便的地方。

2. 堆料准备 主要有畜禽粪尿、垫料、剩余饲料、秸秆、杂草、树叶、草木灰等。平均适宜粒度（孔隙度）为 25～75 毫米，碳氮比（25～40）：1 为理想状态，含水率应控制在 50%～60%。

3. 堆制过程 堆肥场地要做好"防渗、防雨、防溢"。堆积前，地面宜铺上一层干粪、干细土或杂草，以吸收渗下的液体。一般堆宽和堆高各 2 米，长度视粪便状况而定。开始铺秸秆，厚约 20 厘米，铺畜禽粪便约 6 厘米，加适量水，反复堆至所需高度后，用泥肥封顶。堆积一段时间后，堆温升高，需要进行翻堆一次，使堆料上下均匀。再放置一段时间，再翻堆。一般一个月左右翻堆一次即可，直至腐熟。

【应用效果】

处理成本低廉，堆肥产出的有机肥可直接应用到当地的农田，进一步减少了肥料支出，提高了经济收益。该技术解决了农村有机废弃物乱堆乱放、滋生有害生物、焚烧污染环境等问题，美化了生态环境，改善了农村人居环境。北京市密云区溪翁庄镇某村堆肥场地占地 1.5 亩，年处理量 5 000 余立方米，年产有机肥 1 000 余吨。由于多年坚持传统堆肥与施用，改良了土壤，增加了土壤有机质含量，土壤养分含量丰富，大田土壤有机质大于 15 克/千克，有效磷 103 毫克/千克，有效钾 272 毫克/千克，土壤物理性状良好，保肥水能力强，为生产优质农产品提供了良好的土壤环境。

技术 9　家庭式简易堆肥桶发酵技术

【技术概述】

家庭式简易堆肥桶发酵技术就是利用堆肥桶简单堆肥处理方式，堆肥桶可放置在村口道路不碍事的角落，节约空间，不需要任何基建，不需要复杂的工艺流程，任何年龄段的人都可以轻松掌握，极大节约了土地与人工成本。人民群众自己堆肥自己使用，形成了一种良性的生态循环模式。

【适用范围】

该技术主要用来随时处理小规模的餐厨垃圾。堆肥桶体积约 220 升，可日处理 3～5 户家庭产生的厨余垃圾。

【技术流程】

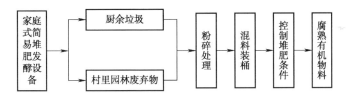

【技术要点】

1. 粉碎处理　厨余垃圾与其他垃圾分开收集，集中堆放的废弃物经过可移动式粉碎设备粉碎处理才可用于堆肥，处理粒径≤5 厘米。

2. 物料碳氮比与菌剂　一般碳氮比控制在（25～40）∶1。为了提高堆肥效率，可以根据物料种类选择适宜的腐熟菌剂。

3. 物料混拌装桶　在适宜的物料配比基础上，混拌后的含水率一般控制在 50%～60%，装桶。

4. 确保好氧环境　在堆肥过程中，要对桶内物料的温度、湿度和氧气浓度等参数进行调控，使其满足好氧堆肥的基本需求。

5. 腐熟周期　堆肥升温快，3 天可达到 45℃以上，且具有超强的保温能力，抗风吹日晒。腐熟周期冬天约 2 个月，夏天约 1.5 个月。

【应用效果】

该技术处理成本低廉，解决了家庭厨余垃圾乱堆乱放、滋生有害生物、焚烧污染环境等问题，降低了区域内残体集中处理时收集、运输、处理后再转运的成本。产出品就地还田，实现了循环可持续发展。美化生态环境，提升村容村貌；高品质产出品可作为有机肥，用于改善土壤环境；就地快速处理，降低了垃圾填埋和垃圾焚烧厂的使用压力，减少了垃圾处理终端的大气污染、水污染等问题。北京市顺义区某小学校区内的厨余垃圾与杂草、菜园秸秆、树枝残体等混合发酵处理，学校购置 2 个家庭式堆肥桶，可处理学校食堂产生的所有厨余垃圾，做成堆肥产品用于校园后院的菜地中。该案例占地 60 平方米，每吨处理成本 50 元，产出品可以直接自用，实现废弃物自循环利用。

表 3-7　家庭式简易堆肥桶发酵技术成本分析

日处理量 （吨）	投资概算 （万元）		占地面积 （平方米）	日耗电 （度）	配备人员 （人）	处理成本 （元/吨）
	设备	土建				
0.3	7.5	—	60	15	1	50

技术 10　设施蔬菜原位腐解技术

【技术概述】

我国是蔬菜生产大国，每年会产生约 2 亿吨的蔬菜秸秆。大部分蔬菜废弃物被随意丢弃，没有得到充分的回收利用。这不仅造成巨大的资源浪费，而且还对环境造成了严重污染。设施蔬菜原位腐解技术实现了蔬菜秸秆不出棚、与闷棚结合原位还田的无害化处理，综合整治传统的蔬菜秸秆废弃物焚烧与乱堆乱放现象，实现了蔬菜秸秆资源化利用，同时可增加土壤有机质。

【适用范围】

该技术适用于全国各地，不受地域影响；可广泛应用于农业园区蔬菜大棚等，适合蔬菜秸秆废弃物就地处理。

【技术流程】

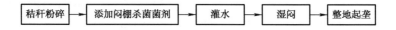

秸秆粉碎 → 添加闷棚杀菌菌剂 → 灌水 → 湿闷 → 整地起垄

【技术要点】

1. 粉碎秸秆整地　灭茬机粉碎蔬菜秸秆原位还田，整地。

2. 添加土壤消毒菌剂　添加闷棚菌剂（每亩可施菌剂 20 千克），同时，根据情况需求可以添加一定量有机肥料。

3. 环境条件　一般土壤含水量达到田间最大持水量（60%）时效果最好，灌溉的水面以高于地面 3～5 厘米为宜。

4. 闷棚　大棚膜和地膜进行双层覆盖，严格保持大棚的密闭性。在这样的条件下处理，地表下 10 厘米处最高地温可达 60℃，这样高的地温杀菌率可达 80% 以上。

【应用效果】

本技术解决了蔬菜秸秆废弃物乱堆乱放、滋生有害生物、焚烧污染环境等问题，克服了传统堆肥的弊端，降低了秸秆废弃物集中处理时收集、运输、处理后再转运的成本，美化了生态环境，提升了村容村貌。就地还田，达到土壤改良，实现循环可持续发展。北京市延庆区万达有机农业园应用该技术处理蔬菜大棚内所有秸秆废弃物（图 3-7），就地处理还田后，既减少了污染，美化了环境，又改良了土壤，同时降低了有机肥采购成本。

图 3-7　设施蔬菜秸秆原位腐解技术实际应用

技术 11　常温厌氧发酵技术

【技术概述】

常温厌氧发酵技术是在受天气影响的温度下，利用兼氧菌和厌氧菌进行生化反应，分解有机物的工艺过程。自 20 世纪 50 年代末起，我国农村地区就兴建沼气池，利用人畜粪便和农业废弃物进行厌氧发酵，产生沼气以供取暖、照明和炊事活动。在工业上，为使粪便和污泥减量化、稳定化和资源化，厌氧发酵技术，特别是早期常温厌氧发酵技术得到了广泛应用。

【适用范围】

该技术在我国常年温度较高的中南部地区普遍适用，利用地下修筑与保温措施相结合的方式也可以用于广大北方区域。该技术具有投资低、运行能耗低、处理效率相对较高的优势，并实现有机废弃物减量化、无害化和资源化等目标。

该技术的缺点是发酵温度随气温变化而有较大变化，可能造成沼气产量不稳定，转化效率较低，这也是该技术的受限之处。

【技术流程】

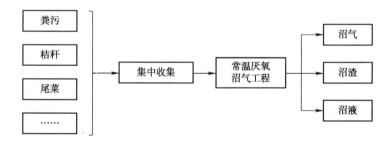

【技术要点】

1. 固含率　控制固含率在 6%～12%。夏季可以低一点，冬季可以调节高一点。

2. 碳氮比　一般原料碳氮比控制在（20～30）∶1 为宜。

3. 发酵温度　厌氧发酵对温度非常敏感，在实际工艺中要尽量采用各类保温措施，防止温度变化太大影响发酵。

【应用效果】

厌氧发酵过程产生的沼气可以替代秸秆、薪柴等传统农村燃料，促进农村清洁能源的发展。厌氧发酵后残留的沼渣、沼液营养元素含量丰富，可以替代化肥进行农田应用。长期施用沼渣、沼液可以提升土壤地力，提高农业绿色发展水平。北方特定环境下创建的"四位一体"农业生态工程模式（图3-8）就是一种典型的利用模式。沼气池、猪圈、厕所、温室四者链接：①人、畜粪便自动流入沼气池。②猪圈设置在温室内，冬季使圈舍温度提高3~5℃，缩短了生猪育肥期。③猪圈下的沼气池由于温室的增温、保温，解决了北方地区冬季产气难的问题。④沼肥比较方便地在温室种植的作物上进行利用，降低了化肥投入。

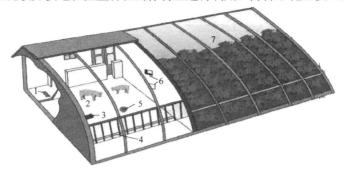

图3-8　"四位一体"农业生态工程模式设备
1. 厕所；2. 猪禽舍；3. 沼气池进料口；4. 溢流渠；5. 沼气池；6. 通风口；7. 日光温室

技术 12　中高温厌氧发酵技术

【技术概述】

一般来说，沼气厌氧发酵菌在8~65℃的范围内都能生长活动。但普遍认为，这个温度范围内有2个产气高峰：一个是37℃左右的中温区域，一个是52℃左右的高温区域。中高温厌氧发酵技术是这两个温度段（分解有机物最快的温区）进行的厌氧生化反应。温度的提升可以显著加速沼气发酵的过程和产气速率，在中大型的沼气工程中，为稳定产气速率、提高产气效能普遍采用该项工艺措施。

【适用范围】

该技术适用于各类农业废弃物的无害化与资源化处理，包括畜禽粪污、秸秆、尾菜、农产品加工副产物等水分含量较高的废弃物。

【技术流程】

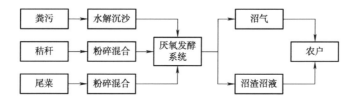

【技术要点】

1. 固含率　控制在 6%～12%。夏季气温高产气率高，可以适当降低固形物含量；冬季可以适当调节高一点。但为保障整个工艺的顺畅运行，不能超出工艺设计的有机物负荷能力。

2. 物料搅拌　可以采取机械搅拌、液体流动搅拌和气体吹压搅拌等方式。

3. 碳氮调节　一般控制原料碳氮比在（20～30）∶1 为宜。投料时，一般要注意合理搭配，促进发酵。

4. 温度控制　厌氧发酵对温度非常敏感，不让发酵系统温度剧烈变化。具体加热工艺可以采用外源加热，也可以采用自身产生的沼气燃烧发热。

【应用效果】

厌氧发酵产生的沼气可代替柴、煤等传统能源，缓解我国农村能源供应，实现低碳减排。农业生产活动中产生的大量秸秆、尾菜以及畜禽粪污等各类废弃物都可以利用该项技术进行无害化处理，改善农村卫生条件和居住环境。发酵过程产生的沼渣、沼液养分含量丰富，可以部分替代化肥进行农田应用。以北京市某绿色生态度假农庄为例（图 3-9），该度假村占地 200 余公顷。其中，90% 左右的土地用于有机农业生产，10% 左右的土地用于发展旅游业。同时，以养殖场畜禽粪便、农作物秸秆、度假区人粪尿以及可利用的垃圾等为原料，生产沼气作为度假区餐厅的燃料，一年可节省 100 万元的能源支出。每年产生数百吨的沼液和沼渣，可节省 60 余万元的肥料支出。由于生产的产品为有机食品，其价格比常规产品平均高出一倍，经济效益显著。

图 3-9　度假村生态农业模式实际应用

技术 13　干式厌氧发酵技术

【技术概述】

干式厌氧发酵技术的生化反应本质与湿式厌氧发酵技术是相同的，都是微生物在厌氧条件下分解有机质产生甲烷完成能量转化的过程。但与常规湿式厌氧发酵技术不同，干式厌氧发酵技术的发酵物料流动性低。根据进料的不同，一般有连续式进料和序批式进料，但其发酵工艺并无大的差异。以连续式干式厌氧发酵技术（图 3-10）为例介绍该技术。

图 3-10　连续式干式厌氧发酵技术设备

【适用范围】

该技术适用于各类农业废弃物的无害化与资源化处理，包括作物秸秆、尾菜、畜禽粪污、农产品加工副产物等，特别是含水量较低的农业废弃物。

【技术流程】

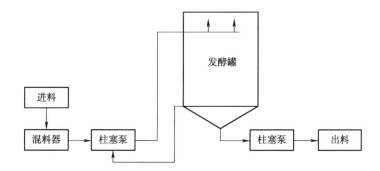

【技术要点】

1. 底物搅拌 推荐采用间歇性搅拌（加料前搅拌 2 小时）。注意：过度的搅拌会降低沼气产生量。

2. 原料预处理 通过调节有机固体废弃物与畜禽粪便的混拌比例，保持物料最佳碳氮比（20～30）:1。

3. 反应器选择 物料的进出采取机械移动的方式，如采用推流式反应器。

【应用效果】

该技术占地面积为湿式厌氧发酵设备的 1/3，罐体容积小，设备本身需要消耗用于发酵罐保温的热能远少于湿式厌氧发酵设备。投资和运行成本低，处理效率高，产气率高，污水产生量少。以河北省保定市安新县白洋淀地区为例，将收集来的生活垃圾经过简单的预处理后直接通过挤压机挤压，干料进入汽化炉车间高温气化后发电，湿料则进入干式发酵罐发酵，产生的沼气用于发电。厌氧发酵系统的核心是 2 个 2 400 立方米的发酵罐，每天处理生活垃圾 140 吨，干物质含量在 30% 左右，每天沼气产量约 1.5 万立方米。

技术 14 沼液滴灌施肥技术

【技术概述】

沼液滴灌施肥技术应用固液分离、三级过滤、曝气和反冲洗等技术，通过技术集成与组装，实现沼液、沼渣分离过滤，沼液过滤稀释后与滴灌系统对接，按照作物的养分需求规律进行沼液滴灌施肥（图 3-11）。该技术解决了沼液滴灌易堵塞的世界性难题，实现了沼气工程废弃物循环可持续利用，经济效益、生态效益和社会效益显著，具有广阔的应用前景。

图 3-11　沼液滴灌施肥技术应用范例

【适用范围】

大中型沼气工程周边农业园区均可采用沼液滴灌施肥技术，施用以畜禽粪便及作物秸秆为原料的沼气工程所产生的沼液。13～20公顷为一个施用单元即可，但注意污泥等有潜在农用风险的原料制备的沼液不能进行农作物沼液滴灌。

【技术流程】

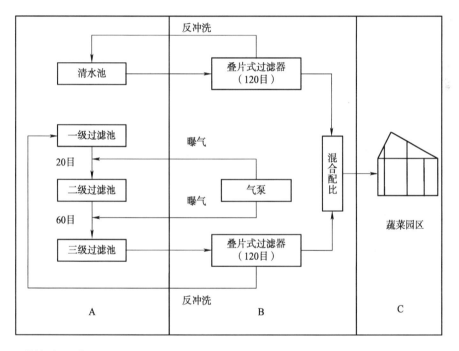

【技术要点】

1. 沼液储存、粗过滤和曝气系统　用于沼液的沉淀过滤和养分转化。一级过滤用不锈钢网控制悬浮物粒径至20目；二级过滤用不锈钢网控制悬浮物粒径至60目（A）。

2. 沼液细过滤、自动配比、反冲洗和主体控制系统　用于沼液的进一步过滤和控制沼液与水的合理配比。三级过滤用叠片式过滤器控制悬浮物粒径至120目（B）。

3. 田间沼液灌溉系统　用于将沼液与水的混合物按照作物的需肥规律进行灌溉施肥（C）。

【应用效果】

沼液滴灌施肥技术是将沼气工程所产生的废弃物沼液通过工程技术手段处理，实现对作物滴灌施肥的集成技术，比较适用于周边建有大中型沼气工程的种植园区。沼液过滤滴灌系统成本 60 万元/台，运行成本 6 万元/年，经济效益每年 30 万元，年消纳沼液约 6 000 升。以北京市延庆区康庄镇小丰营村为例，该镇某园区种植有机蔬菜 300 亩，通过建立沼液过滤、滴灌系统，制定配套沼液灌溉施肥标准化操作规程，在园区推广应用面积达 20 公顷，提高农作物产量 5%～15%，提高水分、养分利用效率 10%～20%，实现了水肥一体化。

技术 15　好氧堆肥茶制备技术

【技术概述】

好氧堆肥茶是腐熟堆肥或有机肥在水中充分好氧发酵后过滤获得的一种液体生防制品（图 3-12）。该茶不仅含有大量营养元素，还富含有益微生物及其代谢产物，具有抗病促生的作用。好氧堆肥茶可通过水肥一体化设备进行根系滴灌或叶面喷施，作为肥料或农药施用，亦可作为无土栽培的营养液。

图 3-12　好氧堆肥茶应用案例

【适用范围】

该技术制备的堆肥茶适用于全国大田、设施大棚、无土栽培及绿化草地等种植区，作为原料的有机肥应由农作物秸秆、农田尾菜、禽畜粪便等有机废弃物发酵腐熟。制备场地选择上，放置于简易房屋、大棚等遮阳挡雨的地方，有照明即可。

【技术流程】

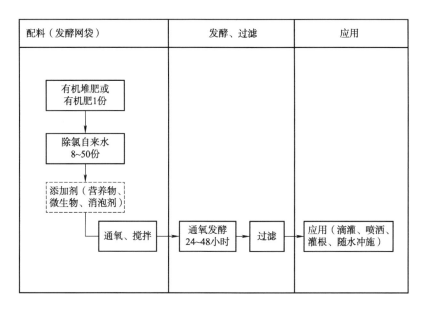

【技术要点】

1. 物料选择　发酵物料要选择充分腐熟的优质堆肥或有机肥。

2. 肥水配比　好氧发酵肥水比推荐范围为 1：（8～50），发酵用水注意除氯。

3. 通氧消泡　通氧沙头数量依据发酵体积确定，可适当添加消泡剂。

4. 发酵时间　一般为 24～48 小时。发酵结束及时施用，必要时需过滤。

5. 发酵容器　为开放型，可自制，亦可订制购买。

6. 增效辅料　发酵初期接种有益微生物菌种，或根据需要添加糖蜜、蛋白胨等添加剂，抗病促生长效果更佳。

7. 使用方法　发酵结束后，兑水稀释 100 倍以上滴灌、喷洒、灌根或随着冲施即可。

【应用效果】

该技术适用于农户、农业园区利用腐熟堆肥自制液态有机肥。可就地取材自制设备，亦可购买成套设备。以北京市农林科学院为例，自制和订制发酵量为 200～500 升设备为例核算成本（表 3-8），自制设备成本 15～58 元/套，运行成本（人工按 100 元/小时计）、电费等合计约 100 元，首次制备 200～500 升好氧堆肥茶合计费用 115～158 元；购买成套设备成本 300～500 元，运行成本约 50 元，合计总成本 350～550 元。利用该设备制备的好氧堆肥茶在西红柿上喷施 6 次，增产 5％以上，品质改善效果显著。

表 3-8　好氧堆肥茶技术成本分析

成本		自制设备	购置设备	备　注
投资成本 （元）	发酵箱	0		
	增氧泵	15～50	300～500	功率 8～18 瓦
	过滤器	0～8		可多层网布自制过滤网，亦可购买过滤器
运行成本 （元）	电费	0.25～0.5	0.25～0.5	以发酵 48 小时计
	人工	100	50	配料、巡查、过滤合计 1 小时，购置设备自动过滤，工时费按 100 元/小时计
	添加剂	3～5	3～5	备选
	菌种	1～2	1～2	备选
合计 （元）		115～158	350～550	

注：以 200～500 升发酵液量计算。

技术 16　厌氧堆肥茶制备技术

【技术概述】

厌氧堆肥茶（图 3-13）是腐熟堆肥或有机肥在水中充分厌氧发酵后过滤获得的液体，不仅含有大量营养元素，还富含有益微生物及其代谢产物，具有抗病、促生长的作用。可以通过水肥一体化设备进行根系滴灌或叶面喷施，当做肥料或农药施用，亦可以作为无土栽培的营养液。

图 3-13　厌氧堆肥茶应用案例

【适用范围】

　　该技术制备的堆肥茶适用于全国大田、设施大棚、无土栽培及绿化草地等种植区，作为原料的有机肥应由农作物秸秆、农田尾菜、禽畜粪便等有机废弃物发酵腐熟。在制备场地选择上，放置于简易房屋、大棚等遮阳挡雨的地方即可。

【技术流程】

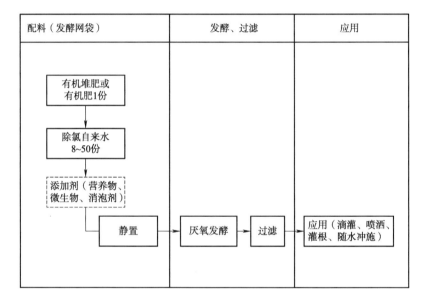

【技术要点】

　　1. 物料选择　发酵物料要选择充分腐熟的优质堆肥或有机肥。

　　2. 肥水配比　厌氧发酵肥水比推荐范围为 1∶（4～10），发酵用水注意除氯。

　　3. 发酵时间　一般为 18～24 小时，亦可延长至数天。发酵结束及时施用，必要时需过滤。

　　4. 发酵容器　为开放型，可自制，亦可订制购买。

　　5. 增效辅料　发酵初期接种厌氧微生物菌种，或根据需要添加糖蜜、蛋白胨等添加剂，抗病、促生长效果更佳。

　　6. 使用方法　发酵结束后，兑水稀释 100 倍以上滴灌、喷洒、灌根或随水冲施即可。

【应用效果】

该技术适用于农户、农业园区利用腐熟堆肥自制液态有机肥，可就地取材自制设备，亦可购买成套设备。以北京市农林科学院自制和订制发酵量为200～500升设备为例核算成本（表3-9），自制设备成本0～8元/套，运行成本（人工按100元/小时计）约100元，制备200～500升厌氧堆肥茶合计费用100～108元；购买成套设备成本250～450元，运行成本约50元，合计总成本300～500元。利用简易自制装置制备的厌氧堆肥茶技术应用在苋菜上增产7%以上，抗病效果显著。

表3-9　制备厌氧堆肥茶成本分析

成本		自制设备	购置设备	备　注
投资成本 （元）	发酵箱	0	250～450	
	过滤器	0～8		可多层网布自制过滤网，亦可购买过滤器
运行成本 （元）	人工	100	50	配料、巡查、过滤合计1小时，工费100元/小时，购置设备标配自动过滤器
	添加剂	3～5	3～5	备选
	菌种		1～2	备选
合计 （元）		100～108	300～500	

注：以200～500升发酵液量计算。

技术17　植物酵素调理液生产技术

【技术概述】

果蔬种植区，以秸秆、尾菜、落果等为代表的各类果蔬废弃物大量产生，这些新鲜材料加入糖类物质和水，经天然发酵或接种微生物发酵而成的植物酵素制剂，可用于蔬菜、果树、花卉等的叶喷或根施，具有改良土壤、促进作物生长发育、增强作物对病虫害抗性等多种功效，起到重要的生态综合效应。

【适用范围】

该技术在处理原料上，适宜处理各类新鲜果蔬废弃物，就地厌氧发酵。在处理规模上，一套设备一个批次处理废弃物50～100千克，也可以根据设备容积调整处理量。在场地选择上，可以放置于建筑房屋、温室大棚等遮阳挡雨的地方，单台设备占地面积小于 1 平方米。制备的酵素调理液呈酸性，特别适用于北方调理碱性土壤及灌溉用水 pH 较高的地区。

【技术流程】

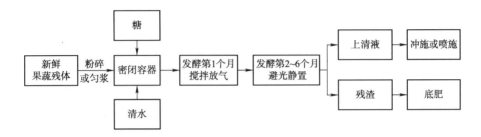

【技术要点】

1. 材料　准备无腐烂、无污染的果蔬残体 3～5 份，水 10～8 份，糖或发酵引物 1 份，可密封的塑料容器若干。

2. 填料　洁净容器中倒入部分水，加入糖或发酵引物，搅拌充分溶解。

3. 发酵　果蔬残体粉碎或切块儿加入容器，充分搅拌混匀，盖好密封盖。注意：上部预留 20％发酵空间，以防发酵液溢出。

4. 管理　前 30 天，每天开盖放气，搅拌混匀，并按压浮在液面上的物料，若产生白膜属正常现象；30 天后，视发酵情况减少放气次数；发酵 3～6 个月后即可施用。

5. 施用　发酵液过滤后，1∶（300～500）比例稀释随水施入土壤，单次推荐用量 225～300 千克/公顷，可 15 天施用一次。过滤后的残渣，可当底肥施用。

注意：发酵材料来源明确，无污染物；发酵容器应该放在空气流通的阴凉处，避免阳光直照；发酵完成后尽量一次用完，避免使用后再发酵；应少量多次施用，避免一次性过量施用。

【应用效果】

植物酵素调理液生产技术，设备投资少，处理成本低，非常适用于园区等种植农户按需生产。以北京市房山一园区为例（图 3-14），该园区年处理蔬菜残体 50 吨，加工的调理液通过灌溉系统施入土壤，节省化学肥料 50％左右。施用调理液的果蔬产品，口味纯正，品质优异，市场反响良好。

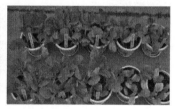

图 3-14　园区蔬菜尾菜发酵液应用范例

技术 18　木醋液的生产及蔬菜施用技术

【技术概述】

木醋液是木材等含纤维素和半纤维素的生物质在热解炭化或干馏过程中产生的气体，经冷凝回收分离得到的有机混合物，再经静置分离出木焦油后得到的澄清红褐色或黑褐色液体，富含有酸类、酚类、醛类、醇类、酮类和酯类等有机物质。木醋液具有促进植物生长、抑菌、降低土壤 pH、调控土壤微生物等作用，可作为一种新型的液态有机肥，是解决农业废弃物资源化利用的有效途径之一。

【适用范围】

适用于全国各地大宗作物、各种蔬菜、瓜果和果树等。

【技术流程】

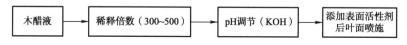

【技术要点】

1. 原液稀释　一般推荐用清水 300～500 倍稀释木醋液原液（pH2.0～4.0）

2. 调节 pH　使用碱性物质调节 pH 至中性，可选择氢氧化钾（KOH）等碱性物质。

3. 施用方法　叶面喷施应用。为了增强效果，可添加表面活性剂（如吐温、十二烷基磺酸钠等），以提高木醋液在叶面的附着力。

【应用效果】

木醋液应用成本只涉及运输、pH 调节试剂、表面活性剂和人工成本。部分蔬菜喷施木醋液可显著提高产量和改善品质，经济效益提高 15％以上，硝酸盐含量显著下降、维生素 C 含量显著提高，蔬菜价值提高；农业施用木醋液既消纳了生物炭副产品，又减少了木醋液对土壤、水环境的污染隐患。以北京市门头沟区农业种植园区为例（图 3-15），2008 年推广示范面积 667 平方米，木醋液原液（pH＝4）300 倍稀释后喷施芹菜，木醋液处理较对照芹菜产量和维生素 C 分别显著增长 17％和 14.7％，硝酸盐下降 10.6％，增产 17％，经济效益提高 17％。

图 3-15　芹菜喷施木醋液示范推广

技术 19　蚯蚓堆肥法处理农村有机废弃物技术

【技术概述】

蚯蚓堆肥法处理农村有机废弃物的基本原理是，利用蚯蚓食腐、食性广、食量大及其消化道可分泌出蛋白酶、脂肪分解酶、纤维分解酶、甲壳酶、淀粉酶等酶类的特性，将经过一定程度发酵处理的有机固体废弃物作为食物喂食给蚯蚓，经过蚯蚓的消化、代谢以及蚯蚓消化道的挤压作用转化为物理、化学以及生物学特性都很好的蚯蚓粪，从而达到疏松土壤、改良土壤、提高肥力、促进农业增产、降解农药和重金属等有害物质、防止二次污染的目的。

【适用范围】

该技术在处理原料上，适宜处理厨余垃圾、秸秆、菌渣、稻壳、粪便，就地发酵堆肥。在处理规模上，100 万条蚯蚓可实现月处理垃圾 7.5 万吨。在处理方法上，可选择蚯蚓生物反应器和土地处理法。蚯蚓生物反应器不受地域影响，可以与垃圾源头分类相配合，对混合收集的垃圾需要进行分选、粉碎、喷湿、传统堆肥等预处理。土地填埋法是在田地里采用简单的反应床或反应箱进行蚯蚓养殖并处理有机废弃物的一种方法，是目前应用较多的一种方法；此法不仅适用于处理分类后的有机垃圾，而且适用于处理现阶段的混合垃圾。

【技术流程】

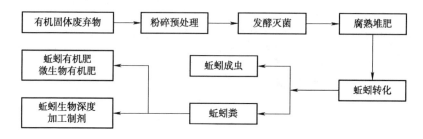

【技术要点】

1. 蚯蚓选种 赤子爱胜蚓（体长 35～130 毫米，宽 3～5 毫米，颜色为紫色、红色或红褐色）。

2. 养殖方式 把未经发酵的牛粪、马粪、猪粪做成高 15～20 厘米、宽 1～1.5 米、长度不限的饲养床。放入蚓种（密度 2 万～3 万条/平方米），盖好稻草，遮光保湿，即可养殖。关键点在于，要使饵料保持含水率在 60%～70%，不可过干、过湿，否则饵料就会发热造成死亡。

3. 饲养管理 饵料采用堆块上投法，厚度为 10 厘米，不要将床面盖满，不求平整，以便分离蚯蚓。饵料最好是猪粪、羊粪、兔粪加秸秆和稻草。

4. 生长环境 pH6～8，温度 18～27℃，湿度 31%～38%最佳；加强通风换气，疏松基料和饵料，保证有充足的氧气；除直射的强光、紫外光不利于生长外，在白光、散射光，特别是无光情况下，蚯蚓都可以正常生长发育和繁殖。

【应用效果】

以北京市延庆区旧县镇大柏老村为例（图 3-16），该村为了解决有机废弃物处理难、二次污染大的问题，采用了该技术。该村目前年处理畜禽养殖粪便 5 万立方米、农业废弃秸秆 3 万立方米，每年可产出价值 6 万元的有机肥。蚯蚓粪还田可以显著改良培肥土壤，提高土壤生物活力，3 年每亩施 2 吨可提高土壤有机质 4.5%～10.4%，速效钾含量增加 23.3%～45.1%。该技术有效推动了京郊循环农业的健康有序发展，促进了农业的可持续发展，带来生态、经济、社会三重效益。

图 3-16　蚯蚓堆肥法处理农村有机废弃物技术示范推广

技术 20　黑水虻生物转化有机固体废弃物技术

【技术概述】

黑水虻生物转化有机固体废弃物技术是利用昆虫黑水虻幼虫的腐生性特点，在微生物和幼虫的协同作用下，将高水分、高蛋白的餐厨垃圾、初加工废弃物等有机固体废弃物资源转化为虻粪生物肥料和虫体高蛋白饲料的一种蠕虫处理废弃物技术（图 3-17）。与其他蠕虫转化技术相比，水虻生物转化具有生产周期适中、资源化程度高、营养价值高、幼虫饲料化应用前景好、成本较低、经济效益高、药用价值高、对人类环境友好等优点，被认为是一种具有巨大市场前景的废弃物处理新技术。

图 3-17　黑水虻生物转化有机固体废弃物技术示范

【适用范围】

该技术在处理原料上，适宜尾菜果渣、畜禽粪便、餐厨垃圾、食品加工副产物等易腐废弃物的集中或分散式生物转化。在处理规模上，根据处理量从单个家庭的几千克到区域规模性几十吨，灵活选择转化方式。转化方式可为盒子、桶、池及立体转化系统。

【技术流程】

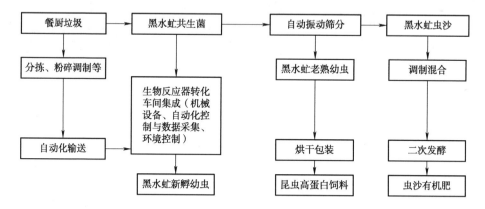

【技术要点】

1. 原料预调制 选择无针对双翅目杀虫剂的餐厨垃圾、畜禽粪便等有机固体废弃物，去除无机物等杂质，杂质含量小于5%，粉碎至粒径1～2毫米，调制含水率75%～85%。

2. 生物转化过程控制 将食料分批或一次性置于生物转化反应器中，堆积厚度不超过15厘米；料温控制在25～43℃（35～38℃最佳），可通过集成系统控制；可搭配共生菌剂使用，提高转化效率，减少臭味。

3. 转化产物分离加工 待处理周期之后，黑水虻幼虫与虫粪通过自动振动筛分机进行筛分，鲜活幼虫经过烘干和包装成为昆虫高蛋白饲料；虫沙经过调制或二次发酵变成生物有机肥。

【应用效果】

畜禽粪便、餐厨废弃物"虫-菌互作"生物转化技术工程化的实现及技术推广，可以发展功能性生物有机肥，解决化学肥料长期使用带来的土壤退化、农产品质量下降等问题，同时可以解决农药残留和农产品污染问题，提高我国农产品在国际市场的竞争力。以餐厨垃圾为例，每收集1 000吨餐厨垃圾，可产生18吨生物柴油，按国际柴油价6 000元/吨计，收益10.8万元；经过黑水虻和功能微生物的处理，能够获得约300吨的多功能生物有机肥，按1 200元/吨销售价计，收益36万元；同时，获取100吨干燥的昆虫高蛋白，按每吨售价 5 000 元计，收益为 50 万元。整体转化 1 000 吨餐厨垃圾，总收益 96.8 万元。按综合处理每吨餐厨垃圾的成本 300 元计，扣除成本 30 万元，利润约 66.8 万元。

技术 21　白星花金龟处理农业有机废弃物技术

【技术概述】

白星花金龟处理农业有机废弃物是利用幼虫的食腐性特点转化处理畜禽粪便、农作物秸秆等有机废弃物，在减轻废弃物对环境造成污染的同时，也避免了成虫在野外粪源中产卵繁育下一代的概率。白星花金龟是一种鞘翅目的土栖昆虫，几乎遍布全国，主要分布于中国的东北、华北、华东、华中等地区。其幼虫（蛴螬）头小、体肥大，以植物秸秆、腐烂落叶、发酵木屑、沼渣、平菇菌糠、猪粪、牛粪等各种农业有机质废弃物为食料来源。幼虫的氨基酸和蛋白质含量高，是一种优质的高蛋白饲料；产生的粪沙为干燥无异味的灰黑色、长椭圆形颗粒，营养丰富、性状稳定，可作为生物肥料进行还田，达到净化环境、变废为宝的目的。

【适用范围】

该技术在处理原料上无要求，不同农业有机废弃物均可作为白星花金龟繁育基质，如秸秆、果木枝条、残果尾菜、蔬菜秧蔓、杂草、菌糠、畜禽粪便、畜禽尸体、沼渣等。在处理规模上很灵活，根据废弃物量来选择生物箱的大小。在处理场地选择上无要求，通常选择室内自然条件或者室内加温条件，可在全国范围应用。

【技术流程】

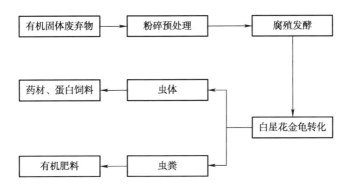

【技术要点】

1. 预处理 将玉米秸秆粉碎，长度为 1.5～2.0 厘米，取足量的猪粪、牛粪、玉米秸秆、沼渣等，调节各物料含水率为 60%～70%，添加微生物菌剂，加盖塑料薄膜好氧发酵，每 5 天翻堆一次，30 天后摊开晒干并碾碎，在生物箱中填充 6～7 厘米厚度的生物基质。

2. 基质 在饲养过程中，可选用牛粪作为饲养基质，以保证白星花金龟幼虫有较高的化蛹率、羽化率。在具备大量废弃玉米秸秆的区域，可按 75% 玉米秸秆＋25% 牛粪比例混配后作为白星花金龟幼虫的基质。

3. 温度 白星花金龟幼虫取食环境温度控制在 20～30℃，28℃左右时白星花金龟幼虫的取食量最大。随着温度的升高，白星花金龟各虫态发育周期将缩短。同时，白星花金龟幼虫的取食环境要尽量避光。

4. 饲养管理 在白星花金龟幼虫化蛹前期，用化学药剂或 60℃ 以上热处理，以杀死幼虫，防止金龟子羽化逃逸。

【应用效果】

在新疆地区，以牛粪为饲养基质，每收获 1 千克白星花金龟老熟幼虫干虫，可转化处理 50 千克牛粪，得到 35 千克幼虫粪沙，干虫的成本大致为 15 元（饲料）＋2 元（人工）＋3 元（水电）＋2 元（折旧等）＝22 元/千克，折合虫粪沙的成本大致在 0.63 元/千克。白星花金龟蛋白质、脂肪和氨基酸含量很高，是一种优良的蛋白资源。其幼虫干虫的营养成分介于黑水虻和黄粉虫之间，其预估售价为 15～20 元/千克。虫粪沙有机质含量在 35% 左右，氮、磷、钾含量大于 5%，微量元素丰富，其预估售价在 1 元/千克，是良好的有机肥。对野外白星花金龟进行人工收集、饲养，并用于转化有机废弃物，在实现源头控制其危害的同时，可得到高值的虫体和虫粪沙，化害为利、变废为宝，具有良好的社会效益、生态效益和经济效益（图 3-18）。

图 3-18 处理农业有机废弃物的白星花金龟

技术 22　农林废弃物基料化栽培食用菌生产技术

【技术概述】

农作物秸秆含有大量微量元素，对于菌类生长有很好的促进作用，会降低食用菌成本，增加生产利润。农林废弃物基料化栽培食用菌生产技术就是以农林废弃物作为主料生产食用菌，即利用农林废弃物全部或部分替代现有栽培原料，科学配制成培养食用菌的基料，解决发展食用菌大规模生产主料来源的问题。该技术降低了食用菌生产成本，同时保护了环境，使废弃物得到有效利用。食用菌产品满足人们的食用需求，创造出良好的经济效益、社会效益和生态效益。

【适用范围】

该技术适用于城市园林剪枝、作物秸秆等高纤维素含量难腐的农林废弃物。可根据农林废弃物等原料供应情况，选择农户小棚栽培或工厂化生产模式。该技术适宜于农作物主产区。

【技术流程】

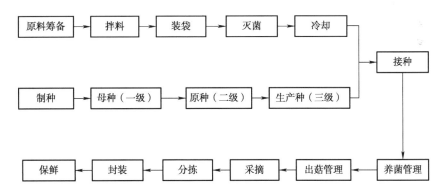

【技术要点】

1. 选料配料　选择干燥、无病害、无霉变的农林废弃物，根据栽培菌种需要进行粉碎（秀珍菇1～2厘米长）。按照菌种养分需求配制栽培基料配方，一般碳氮比为35：1，装袋、灭菌。

2. 制种接种　接种前，对接种场所进行严格的消毒。菌袋冷却至常温后，以最快速度完成接种工作，降低出现杂菌污染的概率。有条件的企业可自行扩繁制种。

3. 养菌栽培　控制养菌棚温湿度，一般温度 24～27℃、湿度 80％～90％，为菌丝提供良好的生长环境。其间，进行划袋，划袋口子约 0.4 厘米，为子实体形成创造条件。定期巡视，清除枯萎死亡、霉变菌袋，并采取相应的措施，确保菌种能够健康生长。

4. 采收管理　轻拿轻放，避免培养袋损坏。一般食用菌采收 3 次之后，菌袋内的养分已经无法满足菌种的生长需求，应及时清理菌袋。采取暴晒等措施进行灭菌处理，为下一批菌种的培养提供干净整洁的场地。

【应用效果】

以秀珍菇栽培常用配方（玉米芯 50％、木屑 30％、麦麸 15％、辅料 5％）为例。一个 1 千克干料的菌包原料成本约为 1.35 元、菌袋套环 0.2 元、装包 0.2 元、灭菌 0.3 元、菌种 0.5 元，合计一个菌包成本为 2.55 元。提高机械化自动化制作菌包后，生产成本可降低至 2 元左右。1 千克干料的菌包平均产成品菇 0.4 千克，每千克鲜菇按照平均收购价 15 元计算，1 个菌包产值为 6 元。该技术促进废弃物利用，变废为宝，降低环境污染，增加农村就业及自主创业途径，增加居民收入（图 3-19）。

图 3-19　农林废弃物基料化栽培食用菌生产技术示范

技术 23　热解处理技术与设备

【技术概述】

生物质是一种清洁的可再生能源，生物质热解技术工艺流程一般由物料的干燥、粉碎、热解，产物炭和灰的分离、生物油的收集等几个关键步骤。热解方式因供热方式、产品状态和热解炉结构不同而异。生物质的热解行为与生物质种类、加热速率、压力、时间等密切相关。生物质进入炉内后，按热解速率可分为快速热解、慢速热解和反应性热裂解。这里主要介绍以废弃生物质为原料投入热解炉内热解气化实现能量回收的过程及设备分类。

【适用范围】

适用于各类农林有机废弃物，农林废弃物主要包括秸秆、稻壳、食用菌基质、边角料、薪柴、树皮、花生壳、枝丫柴、卷皮、刨花等。有机物处理好后输入炉子里，热解温度范围为 300～1 000℃，可供热解的炉子类型有固定床、流化床、夹带流、多炉装置、旋转炉、旋转锥反应器等，热解速率分为快速、中速和慢速。热解条件不同，相对应的固液气产物也不相同。

【技术流程】

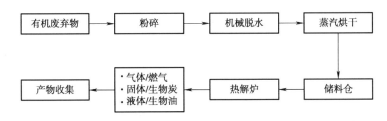

【技术要点】

1. 原料预处理　将废弃生物质原料根据需要进行切碎、脱水烘干等预处理，降低原料水分含量，使其均一化，以满足热解工艺要求。

2. 热解炉热解　将经过预处理的原料输入热解炉炭化，高温 1 000℃以上，中温 600～700℃，农林废弃物一般 600℃以下。

3. 热解产物收集　炭化后形成三种形态的产物：生物炭（固体）、有机酸、乙酸、焦油、木醋液等（液体）和燃气（气体）。

【应用效果】

热解设备可分为固定床、流化床、夹带流、多炉装置、旋转炉、旋转锥反应器、分批处理装置等。处理好的有机物料在炉内可分为高温、中温和低温热解。

以河南省宛西制药股份有限公司的六味地黄丸中药渣为原料进行热解气化（图 3-20、图 3-21），药渣的处理量可达 250 吨/天，处理药渣 5.1 万吨/年，在标准条件下产气量 8 万立方米/年，节约费用 200 万元/年，综合热效率高达90%，约 7.5 年可收回投资成本，成功解决了大量中药渣的处理难题，效果良好。

图 3-20　热解气化设备

图 3-21　燃烧制气体及烟气处理系统

技术 24　农林废弃物热解气化技术

【技术概述】

针对当前秸秆生物质气化装备生产规模小、连续运行性差、焦油衍生的环境污染与管道炉具腐蚀堵塞问题突出，且存在灰渣和焦油利用兼顾性欠缺等不足，农林废弃物热解气化技术以流化床气化/下吸式固定床气化-低焦油在线监控-多联产气油肥为主要思路，将秸秆主要转化为高品质燃气，以期实现秸秆的全资源利用，达到了清洁、高效的目的。

【适用范围】

该技术适合多种原料，包括秸秆、稻壳、果壳、棕榈壳、甘蔗渣、林业废弃物等。

【技术流程】

【技术要点】

1. 设备参数　规模化连续式固定床，额定处理量为 500～3 000 千克/小时，额定产气量为 1 000～6 000 立方米/小时。

2. 进料粒径　上吸式固定床 5～100 毫米；下吸式固定床 20～100 毫米；

流化床<10毫米。

3. 热解参数确定　650～1 100℃，在标准条件下，产气量1 000～3 000立方米/小时，燃气热值>5 000千焦/立方米。

4. 热解效率提升　气化效率>70%，燃气含氧量<1%。

5. 产物回收率提高　焦油含量<10毫克/立方米，系统生物质能综合利用效率达到72%～74%。

【应用效果】

该技术在山东、湖南、天津、广东等17个省份推广应用，成果转化新增销售额10亿元、新增利润1.5亿元、新增税收8 400万元；利用生物质180余万吨，间接效益27亿元、减排二氧化碳约250万吨、减排二氧化硫约3万吨、替代燃煤约100万吨、增加就业岗位约6 000个。发展多途径农林剩余物热解气化技术及装备，对于推动生物质能源的工业化利用和促进行业科技进步、节能减排，将会产生显著的经济效益、社会效益和生态效益。目前，国内采用农林废弃物清洁热解气化多联产关键技术与装备（天津大学为主要负责单位）项目成果已建成一批示范工程，应用于农村集中供气供热、园区热电联供和市政燃气替代、企业汽油肥联产以及家庭应用等方面，10年来累计处理农林废物850余万吨，实现产值超过15亿元。项目组提出了流化床气化/下吸式固定床气化-低焦油在线监控-多联产汽油肥的新思路。将秸秆主要转化为高品质燃气，兼顾联产燃油和生态肥料，以期实现秸秆的全资源利用，达到了清洁、高效的目的。

技术25　畜禽粪便热解技术

【技术概述】

热解指物质受热发生分解的反应过程。畜禽粪便的化学成分和农作物秸秆相比，含中性洗涤剂溶解物较高，而纤维木质素较低。热解过程中能量贡献主要由中性洗涤剂溶解物以及一些淀粉、蛋白质和脂肪等小分子物质来完成，所以畜禽粪便较秸秆类物质更容易受热分解。畜禽粪便经热解处理后，可获得生物炭、生物油和合成气，从畜禽粪便中回收的磷施入土壤还可以提高土壤有机质、全氮含量和速效养分等。

【适用范围】

该方法适用于大部分种类的畜禽粪便（如牛粪、羊粪、猪粪、鸡粪），有机物热解分为脱水、主要热解和炭化三个阶段，当粒径小于1毫米时候，热解特性受粒径影响较小，同时得到生物油、固体碳和热解气。300～600℃生物炭的得率不断降低。生物油在400℃时得率最大。该技术可有效降低环境负担，提高热效率。

【技术流程】

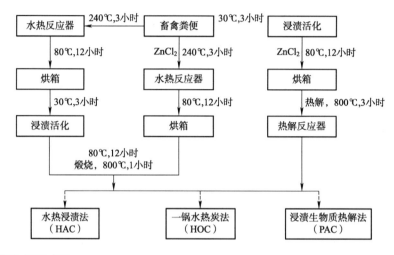

【技术要点】

1. 含水量控制 采取热解气化方式来处理时，必须要降低畜禽粪便含水率（30％以下），故需特别注意预处理方法的选择。

2. 温度控制 畜禽粪便热解气体产物集中在250～500℃析出。

3. 催化处理 水热浸渍法（HAC）在240℃下制备的催化葡萄糖（11.14％）和5-羟甲基糠醛（29.54％）的得率最高。

4. 活化处理及比表面积阈值确定 随着$ZnCl_2$与生物质/生物炭的添加（浸渍活化温度控制在80℃）比增大（0.5～4）：1，水热浸渍法（HAC）、一锅水热炭法（HOC）和浸渍生物质热解法（PAC）的比表面积阈值分别是81～637平方米/克、307～791平方米/克和333～841平方米/克。

【应用效果】

由生物质废弃物制成的生物炭为催化剂的制备提供了可再生的碳前体。能量分析表明，与HAC和PAC相比，HOC是一种操作简单、节能高效的制备活性生物炭的工艺。研究表明，PAC耗能是HOC的3倍多。HOC的优越性能是由于碳前驱体中均匀包覆的活化剂颗粒以及活化剂与前驱体之间充分的反应造成的。苯酚吸附，不仅是表面官能团，孔隙率在污染物吸附过程中也起着重要作用。拟合结果良好的 PSO 动力学模型进一步验证了 HOC 和 PAC 的吸附涉及化学和物理过程，而 HAC 由于表面官能团丰富而孔隙率较低，化学吸附率较高，物理吸附率较低。中国农业大学水利与土木工程学院使用了 3 种不同的方法利用牛粪制备活性生物炭，包括水热浸渍法（HAC）、浸渍生物质热解法（PAC）和一锅水热炭法（HOC）（图 3-22）。其中，生物质和活化剂一锅水热炭法制备活性生物炭（HOC）简化了畜禽粪便预干燥和混合过程，且能耗较低，近年来引起了越来越多的关注。

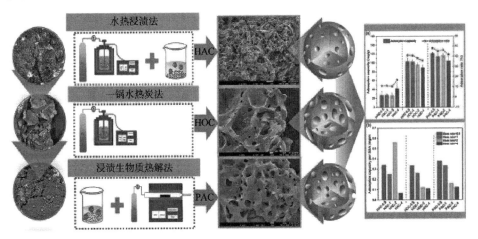

图 3-22　三种方法制备生物炭理化性质差异

第4篇 资源化产品加工

有机类肥料产品主要来源于植物残体、畜禽粪便，发酵腐熟成为有机物料。有机肥料种类根据物料来源多种多样，包括畜禽粪肥类、秸秆肥类、生物有机肥、有机无机复混肥、复合微生物肥料，在粮食作物上应用，具有改土、提质、增效作用。

技术1 有机无机复混肥生产技术

【技术概述】

有机无机复混肥是一种既含有机质又含适量化肥的复混肥。它是对各类工农业有机物料，通过微生物发酵进行无害化和有效化处理，并添加适量化肥、腐殖酸、氨基酸或有益微生物菌，经过造粒或直接掺混而制得的商品肥料，是有机肥与无机肥的结合体。

【适用范围】

适用于各种大田作物及经济作物。

【技术流程】

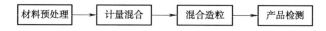

【技术要点】

1. 原料 有机质部分主要是有机肥，以动植物残体为主，并经过高温腐熟和灭菌，有效杀灭了病原菌、虫卵和杂草种子。无机肥为采用提取、物理或化学工业法抽取的无机盐形式的肥料。

2. 粉碎 保证粒度小于1毫米，否则会影响质量和外观。磷酸铵、氨化过磷酸钙、尿素可用链式粉碎机粉碎（尿素不能用高速磨粉机粉碎，以免温度高、物料黏度大，粉碎效果差）；硫酸钾可用高速磨粉机粉碎，也可用链式粉碎机粉碎。

3. 配方 结合地区，根据作物需肥规律与土壤测试结果确定配方，配方应符合国家标准要求。

4. 造粒　经粉碎后的物料最好经振动筛筛选后，小于 1 毫米的物料用来混合造粒，大于 1 毫米的物料返回再次粉碎；混合必须充分，即混即用，不宜混合后放置太久，以免受潮。直径 2 米的混合机，转速以 24～30 转/分为宜，混合时间 30 分钟左右。

5. 检测与标识　一个批次的肥料要经过检测，检测合格后才能包装上市。包装上要有生产企业名称和地址、产品类别、批号或生产日期、产品净含量、总养分、配合式、有机质含量等标识，氯含量≥3.0％需标识含氯。

【应用效果】

山东农大肥业科技有限公司以糠醛渣、海藻渣、菌糖渣、木薯渣等植物源有机质为主要原料，混配黄腐酸钾、无机肥等材料制备的有机无机复混肥，$N：P_2O_5：K_2O=15：5：10$，有机质≥20％，可为作物提供更加充足的养分，提高作物抗病、抗旱、抗逆的能力。建议作为基肥使用，推荐用量为 40～80 千克/亩，可与其他肥料配合使用，具体用量可根据种植作物、土壤条件及目标产量确定。

技术 2　生物有机肥生产技术

【技术概述】

生物有机肥是指特定功能微生物与主要以动植物残体（如畜禽粪便、农作物秸秆等）为来源并经无害化处理、腐熟的有机物料复合而成的一类兼具微生物肥料和有机肥效应的肥料。

【适用范围】

广泛地应用在农作物及经济作物。

【技术流程】

【技术要点】

1. 有机肥生产　通过有机物料进行发酵，生产有机肥。

2. 菌剂生产 应用微生物发酵技术，生产功能微生物菌剂。

3. 生物有机肥生产 生物菌剂和有机肥的混合，利用功能微生物的作用，促使有机物分解转化，提供多种营养和刺激性物质，促进和调控作物生长，防治土壤病害、改良土壤生态。

【应用效果】

青岛海大生物集团有限公司生产的以浒苔海藻渣为载体的复配有益微生物菌剂的生物有机肥，具有调理、养根促根、抗逆、提高肥效的作用。

技术3 有机源土壤调理剂生产与使用技术

【技术概述】

以有机物料为核心，添加抑病、营养、调理菌剂，加工而成的土壤调理剂，如农用微生物菌剂、有机物料腐熟剂等多种碳肥和菌肥产品，具有改土、增效、活化等作用。制成优质的有机源土壤改良剂，既改良土壤，又实现有机废弃物资源化利用。

【适用范围】

在果树、蔬菜、中草药和水稻等大田作物上均可使用。主要依赖于土壤障碍类型进行选择，农作物秸秆、畜禽粪便、绿肥等有机物料常用于酸性土壤和次生盐渍化土壤的改良。

【技术流程】

1. 有机源土壤调理剂制备流程

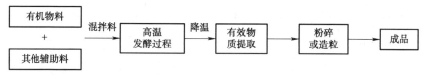

2. 有机源土壤调理剂使用技术流程

【技术要点】

1. 适宜辅料 为了使土壤调理剂有效改善土壤的物理、化学和微生物性质，有机废弃物一般根据需要配比一定比例的辅助料，如菌剂、矿化剂、腐殖酸等。

2. 发酵制备　主料和辅料按照配方比例均匀混拌后，经过一定时间的高温（一般在 70～90℃）发酵过程，通过翻堆降至室温。

3. 产品制备　制备成均匀粉剂或颗粒成品。

4. 施用方式　一般是集中施用，利用沟施或穴施等方式集中施用，重点改善作物根系微生态环境。既可达到改良土壤的目的，还可节约用量、降低成本。施用时，要与作物种子、根系保持一定距离，以免烧种、烧根。

5. 合理配施　配合肥料使用，土壤调理剂的主要作用是改善土壤环境，解决土壤障碍性问题。它不是肥料，不能代替肥料，需与有机肥、配方肥、微生物菌剂等结合施用，以提高效果；但与肥料等配合施用不等同于混合施用。

6. 施用时期　施用时期应以作物播种或移栽前为主，使用时一定要正确掌握用量。用量过低，难以达到改良效果；用量过高或施用次数过多，则会造成浪费。

【应用效果】

北京某生物科技有限公司生产的有机源土壤调理剂，技术指标为有机物总量≥85%，有机质≥75.0%（生物腐植酸≥12.0%，生物总腐殖酸≥30%），易氧化有机质≥20.0%，pH5.5～7.5，水分≤8.0%，Na^+≤0.6%，具有养土、活土、调土三效合一功效，适用于各类蔬菜和农作物。

技术 4　炭基土壤调理剂生产与使用技术

【技术概述】

炭基调理剂是指基于生物质炭和其他土壤调理剂耦合制备的，用于调理土壤及水体以达到污染物或土壤障碍削减的专用调理剂。以农业废弃物制备的炭基土壤调理剂具有良好的结构修复性能和水肥涵养性能，采用土壤调理剂消减不同类型土壤障碍是促进农业可持续发展的重要手段。

【适用范围】

适用于需要改良理化环境的土壤。

【技术流程】

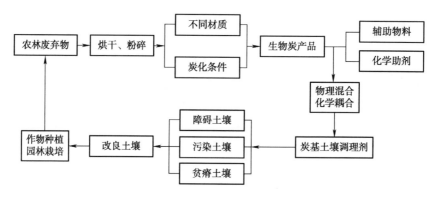

【技术要点】

1. 原料　将原材料农作物秸秆或者木头、油饼渣、粪便以及蘑菇废料分别进行粉碎筛选。

2. 处理　筛选后的各原材料按所需配比称量，称量后放置搅拌机中进行混合，均匀搅拌。

3. 加工过程　搅拌后的混合粉输送至造粒机进行冷压造粒；造粒完成后进行烘干，然后进行冷却筛选；冷却后的炭基肥颗粒输送至筛分机中进行颗粒筛分，将筛选后的不均匀颗粒返送至造粒机进行重新造粒；筛分机筛选出的合格产品输送至料仓进行包装即可。

【应用效果】

南京农业大学农业资源与生态环境研究所开发的生物质炭基肥料及炭基土壤调理剂，通过低温限氧热裂解（250～550℃）工艺将作物秸秆等农业生物质废弃物制备成富含稳定态有机质的生物质炭材料，生物质炭得率为33％～40％；同时，可获得可燃气和木醋液。以生物质炭为载体，与一定比例的氮、磷、钾肥复合生产炭基纳米复合缓效肥。将生物质炭与畜禽粪便按一定比例配合发酵制备为生物质炭基土壤调理剂。

技术5　人工基质生产与使用技术

【技术概述】

人工基质生产与使用技术是将秸秆、牛羊粪、蚯蚓粪、沼渣、醋渣、炭化稻壳等碳氮比相对较高的各类工农业有机废弃物，经无害化、基质化处理后，替代天然泥炭，混配具有营养、亲水、消毒等功能的辅助剂，经过复混生产线加工成成品。基质产品物理、化学及生物性能稳定，可为植物生长提供稳定、协调的水、气、肥根际环境条件，具有保持水分和透气的作用。

【适用范围】

适用于碳氮比较高的工农业有机废弃物的加工与生产，基质加工厂规模可根据地区基质使用量设计。

【技术流程】

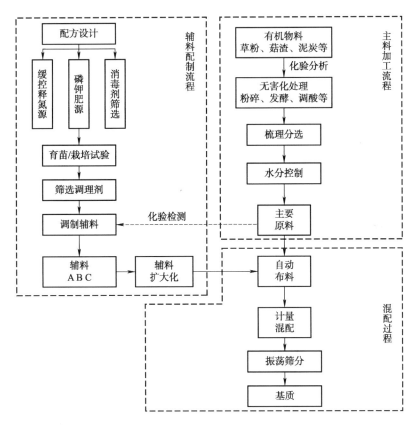

【技术要点】

1. 基质加工 对农业有机废弃物进行筛选及化验，再进行无害化处理。这个过程的主要目的是使有机物充分分解、熟化，并加入一定的调理剂。除去对作物生长不利的还原成分，并通过粉碎分选，进行合理颗粒级配。除去过多灰分和大块体，使物料的粒级大小一致、理化性质均一，达到复混加工的工艺技术标准要求。

2. 配方设计 辅料占主料的 1%～2%，但却是产品的核心关键，必须进行育苗/栽培试验的配方筛选。只有试验成功的配方才能进行加工生产。主辅料进行混配前，辅料需进行扩大化，以达到混配均匀的要求。

3. 设备选择 粉碎设备、筛分设备、混拌设备和包装设备，应根据工作场地对加工流程进行合理设计，以传送带方式进料与混拌，并配有自动灌装机，实现生产全程的连续化，具有较高的效率。

4. 指标控制 要达到各种材料混合均匀，尤其是主辅料的均匀；保持有机物料纤维的完整性，纤维破碎度降到最小的水平。

【应用效果】

在北京、山东、河北、辽宁等省份建立了基质加工示范点，基质生产量达到 20 万立方米/年（图 4-1）。产品在全国范围内使用，推广面积 15 万公顷以上，实现经济效益 1 亿元以上。

图 4-1 人工基质产品

技术 6　人工土壤构建技术

【技术概述】

人工土壤是将各类有机、无机固体废弃物，按照优良土壤结构与功能特性，人为改造或构型，达到物理、化学和生物三方面优化协调，用于污染或退化土壤修复、满足植物生长发育、替代和补充自然土壤资源，实现资源循环利用和环境保护的目的。

【适用范围】

适用于全国范围污染或退化土壤治理地区，以及需人为构建土壤进行植物栽培的场所（公园绿地、设施土壤）。

【技术流程】

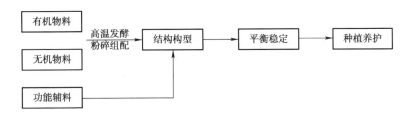

【技术要点】

1. 土壤构建　人工土壤的材料应根据就地取材原则，选择容易得到、运输方便、产量较大且未得到充分利用、低毒害且有利用价值的各类有机无机物料。

2. 检测指标　分析材料的物理、化学、生物等指标，了解原料中营养及有害元素的含量。

3. 物料处理　经筛选和处理的物料，需根据目标作物根系生长发育特点进行结构设计，人工土壤构型一般应包括隔根层、根系生长层、透气层、保水层等。

4. 产品加工　人工土壤还可加入有利于结构稳定和促进作物生长、保水保肥等作用的功能型辅料，以充分满足作物的最佳生长要求。

【应用效果】

北京市科技计划课题《人工荒漠藻生态修复技术研发与示范》科研课题组提出人工荒漠藻土壤结皮技术，并通过分离纯化筛选北京地区本土荒漠藻类，建立大量培养与野外工程接种新方法，并且以人工荒漠藻土壤结皮固沙成土新技术对退化土地进行生态修复，发挥其固沙、抑尘、成土、培肥、育草、固碳、修复生态系统的作用。

第5篇 资源化产品应用

技术1 有机肥在粮食作物上的定量化施用技术

【技术概述】

水田：有机肥是以施入土壤中为作物提供有机态养分为主要特征的肥料。具有改善土壤理化性状、熟化土壤、增强土壤的保肥供肥能力和缓冲能力的作用，为作物的生长创造良好的土壤条件。尤其是有机肥腐解后，可为土壤微生物活动提供能量和养料，促进微生物活动，加速有机质分解，产生的活性物质等能促进作物的生长和提高农产品的品质。该类商品有机肥应符合农业行业标准 NY 525—2021 的要求。

旱田：当前长期单施化肥出现了土壤养分偏耗、土壤结构退化、粮食作物产量下降等问题。通过施用有机肥料，可弥补长期单施化肥的不足，在保证作物生长过程中所需的大量营养元素供应的基础上，延长肥效、提高土壤养分的周转效率，为农田地力提升和化肥减施提供技术支撑。

【适用范围】

该技术适用于有机食品基地、绿色食品基地和土壤保护区（水田）；有机肥还田施用技术适用于退化土壤改良以及绿色粮食作物生产区（旱田）。

【技术流程】

1. 水田技术流程

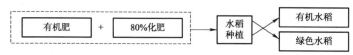

2. 粮食作物有机替代节肥增效技术流程

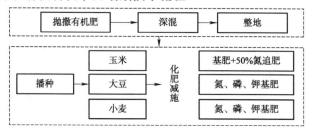

【技术要点】

1. 水田

（1）施用时间。一般于春季泡田前一次性施入。

（2）施用方式。有机肥一般采用抛撒的方式施入田间。

（3）施用量。商品有机肥施入量为 15 000～22 500 千克/公顷；中等肥力地块，有机肥可替代 20％化肥。

2. 旱田　作物收获后，将有机肥均匀抛撒在地表，翻耕施入，深度在 30 厘米以上，将有机肥翻到耕层土壤。耙平、起垄，待春季播种。有机肥施用量主要根据土壤条件，以土壤有机质含量作为确定有机肥施用量的标准（表 5-1）。有机肥应符合标准 NY 525—2021，有机质≥30％，总养分（N+P_2O_5+K_2O）（以烘干基计）≥4.0％。

表 5-1　粮食作物有机肥推荐用量

土壤有机质含量 （克/千克）	有机肥施用量（吨/公顷）		
	玉米	大豆	小麦
<10	22.5	15.0	5.0
10～30	15.0	7.5	4.0
>30	7.5	5.0	3.0

第二年春季播种前，根据不同作物养分需求施入化肥，与常规种植相比，化肥施用量减少 10％～30％（表 5-2）。

表 5-2　粮食作物化肥推荐用量（黑土区）

粮食作物	N（千克/公顷）	P_2O_5（千克/公顷）	K_2O（千克/公顷）
玉米	100～150	75～112	60～75
大豆	20～60	60～120	40～60
小麦	32～43	33～43	15～21

【应用效果】

有机肥生产以畜禽粪便、作物秸秆等农业废弃物为原料，不仅是改善水稻品质、维持土壤肥力的重要措施，也是农业废弃物资源化利用的重要途径。水田通过有机肥料施用，与常规种植相比水稻可增收 2 200 元/公顷。在黑龙江省庆安县久胜镇久胜村，近 3 年累计推广应用水稻面积为 2.8 万公顷，累计增产 2 470 万千克，累计增收 6 424 万元。有机肥的施用不仅提高了水稻产量和品质，而且对培肥土壤、提升地力有明显效果（图5-1）。

图 5-1　有机肥施用后耙田和水稻长势

（旱田）玉米有机肥施用技术与常规种植相比，投入成本增加1 200元/公顷。其中，深松/深翻投入成本450元/公顷，增施有机肥投入成本750元/公顷。玉米可增产5%～15%，每公顷玉米约增产1 000千克，净增加效益为400～630元/公顷。大豆种植有机肥施用技术与常规种植相比，投入成本增加1 200元/公顷，可增产5%～15%，每公顷大豆可增产约450千克，每公顷可增加经济效益1 650元；增施有机肥可减少化肥投入约15%，每公顷节约化肥费用约150元，净增加效益为600元/公顷。小麦有机肥施用技术可增产5%～10%，减施化肥20%～30%，氮、磷、钾肥利用效率平均提高38.02%、47.58%和52.21%，净增加效益为650元/公顷。不同粮食作物有机肥施用技术已在黑龙江省哈尔滨市双城区、绥棱县、嫩江市、黑河市、北安市、克山县等地进行了大面积推广应用，提升了土壤养分和有机质含量，改善了土壤结构，累计应用面积10万公顷以上，节肥增产总增收达700万元以上（图5-2）。

图 5-2　有机肥还田

技术2　畜禽粪肥在粮食作物上的施用技术

【技术概述】

畜禽粪肥是指农户或畜禽养殖场等通过堆腐等方式获得的未经过造粒等工

艺的、可以还田的有机物料，且其还田标准应符合 GB/T 25246—2010 的要求。通过畜禽粪肥生产和施用，可将畜禽粪便无害化和资源化，为农田地力提升和化肥减施提供技术支撑。

【适用范围】

1. 水田应用　该技术适用于绿色粮食作物种植基地和土壤改良示范区，尤其适宜在畜牧业发达的地区推广应用。

2. 旱田应用　适用于绿色粮食作物生产区以及退化土壤改良区。特别是畜禽粪便资源丰富和有堆沤条件的地区，尤其适合畜禽养殖周边地区。

【技术流程】

1. 水田技术流程

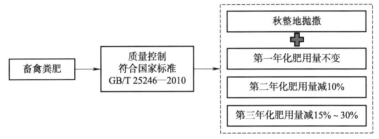

2. 旱田技术流程

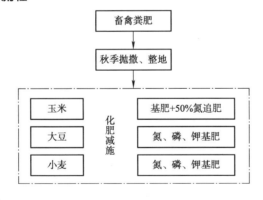

【技术要点】

1. 水田技术要点

(1) 施用时间。随秋季整地耕/翻到第二年计划种植水稻的田间。

(2) 施用方式。均匀抛撒到田间。

(3) 施用量。每年为 15 000～22 500 千克/公顷，化肥 420～550 千克/公顷，该技术为 3 年一个周期，随着施用时间延长，化肥的施用量减少 10%～30%。

2. 旱田技术要点

(1) 畜禽粪肥应符合 NY/T 3442—2019 的要求,有机质含量≥30%。秋季收获后抛撒施入,玉米施用量为 15～22.5 吨/公顷;大豆施用量为 7.5～15 吨/公顷;小麦施用量为 6～10 吨/公顷。

(2) 耕翻整地,实施以深松为基础的松、翻、耙相结合的土壤耕作制,每3 年深翻一次,耕翻深度 25～35 厘米。

(3) 春季播种前施入化肥作为底肥。大豆、小麦全部化肥作为底肥一次性施入。玉米留 50% 尿素在大喇叭口期进行追肥,深施入土 5～10 厘米,不要撒施地表;也可结合中耕,在玉米根部附近追施尿素。

【应用效果】

1. 水田应用 畜禽粪肥是成本最低、使用方便的肥料种类,在保证完全腐熟的条件下,施入田间有利于土壤有机质的形成和土壤肥力提高。水稻施用畜禽粪肥,增产增收的经济效益为 1 700 元/公顷。在黑龙江省,多地水田进行了大面积推广应用,应用的畜禽粪肥种类有猪粪、牛粪和鸡粪等。累计推广应用水稻面积为 2.2 万公顷,累计增产 1 500 万千克,累计增收 3 900 万元。

2. 旱田应用 玉米施用畜禽粪肥配合深耕技术,与常规种植相比可增产8%～15%,每公顷玉米约增产 1 000 千克以上,净增加效益为 400～630 元/公顷。大豆施用畜禽粪肥,与常规种植相比的投入成本为 700 元/公顷,可增产 5%～15%,每公顷大豆可增产约 350 千克,每公顷可增加经济效益 1 300 元。使用畜禽粪肥替代化肥,可减少化肥投入约 500 元/公顷,净增加效益为 1 100 元/公顷。小麦施用畜禽粪肥,可减施化肥 20%～35%,增产 5%～8%。畜禽粪肥施用技术已经在黑龙江省嫩江市前进镇、海江镇和多宝山镇进行技术应用,累计应用面积达 1 万公顷以上。实施模式为米(麦)豆轮作旱田黑土地保护利用模式,实施区域内充分利用周边 15 个以上大型养殖小区及养殖专业合作社的粪肥资源,减少环境污染,节肥增产的总增收超过 4 000 万元(图 5-3)。

图 5-3 畜禽粪肥技术应用

技术 3　生物有机肥在粮食作物上的施用技术

【技术概述】

生物有机肥是指特定功能微生物与主要以动植物残体（如畜禽粪便、农作物秸秆等）为来源并经无害化处理、腐熟的有机物料复合而成的一类兼具微生物肥料和有机肥效应的肥料。生物有机肥中有大量的有益微生物，能分解土壤中的有机物，改善土壤微生物群落，提升土壤质量。肥料质量标准应符合 NY 884—2012 的规定。生物有机肥的有机质含量较高，可改善土壤理化性状，增强土壤保水、保肥及供肥能力，缓解长期使用化肥造成的土壤板结等问题。另外，生物有机肥中的有益微生物进入土壤后，可抑制有害菌生长并转化为有益菌，增强作物抗逆、抗病能力，降低重茬作物的病情指数。

【适用范围】

该技术适用于水稻主产区和各类旱作农田。

【技术流程】

1. 水田技术流程

2. 旱田技术流程

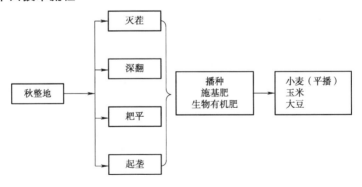

【技术要点】

1. 水田技术要点

（1）施肥时间。水田施用生物有机肥，泡田后水稻插秧时施用。

（2）施肥方式。应用侧条施肥机侧深施肥，肥料距稻根侧向距离 3～5 厘米，施肥深度 4.5～5 厘米。

（3）施肥量。120～150 千克/公顷。

2. 旱田技术要点

（1）生物有机肥在春季播种前作为基肥一次性侧深施入。大豆施用生物有机肥 150 千克/公顷，玉米施用生物有机肥 225～300 千克/公顷，小麦施用生物有机肥 180～225 千克/公顷。

（2）玉米需在大喇叭口期追施氮肥 75 千克/公顷。

【应用效果】

1. 水田应用　生物有机肥的成本约为 300 元/公顷；施生物有机肥可使水稻增产 5%～10%，每公顷可增加经济效益 1 650 元；生物有机肥可替代化肥投入约 20%，节约化肥费用约 200 元/公顷；净增加效益为 1 550 元/公顷。近 3 年，在黑龙江省庆安县累计推广应用水稻面积为 3.6 万公顷，累计增产 3 240 万千克，累计增收 8 424 万元。有效提高了酸性土壤的 pH，增强土壤的酸碱缓冲能力，并显著提升土壤中的有机质含量。

2. 旱田应用　施用生物有机肥，玉米可增产 7%～10%，大豆可增产 5%～10%，小麦可增产 5%～8%。生物有机肥的技术在黑龙江省、辽宁省和吉林省进行了推广应用，累计应用面积达 8 000 公顷以上，节肥增产的总增收近 1 800 万元以上（图 5-4）。

图 5-4　黑龙江省大豆施用生物有机肥效果对比

（左侧：生物有机肥；右侧：常规施肥）

技术 4　有机无机复混肥在粮食作物上的施用技术

【技术概述】

有机无机复混肥是含有一定量有机肥料的复混肥料，包括有机无机掺混肥料，其质量标准要符合GB 18877—2020，有机质含量为10%～20%。在旱田上施用有机无机复混肥，可弥补长期单施化肥的不足，提高氮、磷、钾吸收效率，起到固氮、解磷、解钾的作用。

【适用范围】

1. 水田应用　适用于绿色食品生产基地和黑土保护区。

2. 旱田应用　适用于全国范围内各类土壤耕地。

【技术流程】

1. 水田技术流程

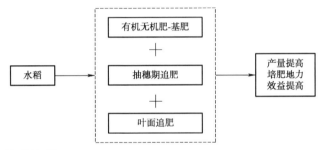

2. 旱田技术流程

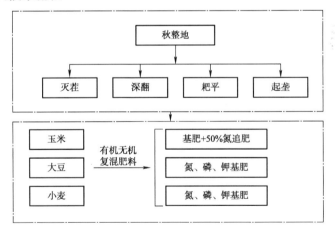

【技术要点】

1. 水田技术要点

（1）施用时间。水稻插秧时施入。

（2）施用方式。应用侧条施肥机侧深施肥，肥料距稻根侧向距离3～5厘米，施肥深度4.5～5厘米。

（3）施用量。225～300 千克/公顷。

2. 旱田技术要点

（1）有机无机复混肥做基肥，播种时机械开沟施入。

（2）玉米的施用量为 225～300 千克/公顷，大喇叭口期追施尿素 130 千克/公顷；大豆施用量为 150～180 千克/公顷；小麦施用量为 180～225 千克/公顷。

【应用效果】

1. 水田应用　水稻施用有机无机复混肥，增产增收的经济效益为 900 元/公顷。有机无机复混肥较常规化肥能提高早稻氮、磷、钾肥效率，水稻有效穗数增加 30%。有机无机复混肥在黑龙江省哈尔滨市阿城区水稻上应用，近 3 年累计推广应用水稻面积 1.6 万公顷，累计增产 1 470 万千克，水稻平均价格 2.6 元/千克，累计增收 3 288 万元。有机肥的施用不仅提高了水稻产量和品质，而且增强了抗倒伏能力。

2. 旱田应用　施用有机无机复混肥，玉米可增产 5%～10%，每公顷玉米约增产 1 000 千克，可增加经济效益 1 500 元/公顷。大豆实施有机无机复混肥料施用技术，增加的肥料成本为 500 元/公顷，大豆可增产 5%～10%，每公顷可增加经济效益 1 650 元，净增加效益为 1 150 元/公顷。小麦有机无机复混肥料施用可使小麦增产 450～600 元/公顷，经济效益增加 1 500 元/公顷。有机无机复混肥技术在黑龙江省海伦市海伦镇推广面积 1 000 公顷（图 5-5），在庆安县庆安镇推广面积 700 公顷，增产效果显著。

图 5-5　有机无机复混肥在黑龙江省海伦市应用效果

技术 5　复合微生物肥料在粮食作物上的施用技术

【技术概述】

复合微生物肥料是指特定微生物与营养物质复合而成，能提供、保持或改善植物营养，提高农产品产量或改善农产品品质的活体微生物制品，包括固体肥料、菌剂。使用的微生物应安全、有效。其生产标准要符合 NY 798—2015 的规定。复合微生物肥料是有机、无机有益菌并存的综合型肥料，既能改善作物营养，又能促生、抗逆、抗病，还能增强土壤生物活性，做到了各菌种间相互促进，有机、无机微生物相互促进，因而肥效持久，增产效果好。通过以抑病、营养、共生为核心的复合功能微生物肥料进行根区调控，可提升土壤生物肥力、培育健康土壤微生物区系。

【适用范围】

1. 水田应用　适用于黑土和盐渍土水稻种植区，尤其是连续多年种植水稻的田块，可以有目的选择功能性复合微生物肥料，兼顾增产和培肥土壤的目标。

2. 旱田应用　适用于全国范围，结合播种施用。

【技术流程】

该技术用于水稻生产中保证产量不降低的条件下，提高水稻品质，减少化肥用量，同时培肥地力。

1. 水田技术流程

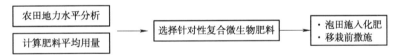

2. 旱田复合微生物肥料施用技术流程

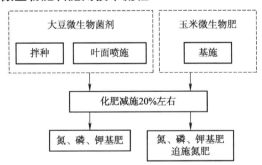

【技术要点】

1. 水田技术要点

（1）施用时间。春季泡田期间，在稻基肥（化肥）施入 7 天后施用。

（2）施用方式。水稻秧苗移栽前撒施到田间。

（3）施用量。复合微生物肥料的施用量为 75～150 千克/公顷。与常规施肥相比，减少 10％～15％的化肥施用量。

2. 旱田技术要点

（1）选择的复合微生物肥料应符合 NY/T 798—2015 的规定，有效活菌数≥0.2 亿个/克，杂菌含量≤20.0％，水分含量 20％～35％，有效养分（N、P_2O_5、K_2O）≥6.0％。

（2）玉米施用复合微生物肥料可做基肥，施入量为 225 千克/公顷；同时，常规化肥用量减少 20％，施入量为尿素 112 千克/公顷，二铵 100 千克/公顷，氯化钾 70 千克/公顷。大喇叭口期追施尿素 112 千克/公顷。

（3）大豆施用复合微生物肥料（菌剂）可使用含有芽孢杆菌、根瘤菌的复合微生物菌剂进行大豆拌种，药种比为 1∶（60～70）。也可在常规施肥的基础上，叶面喷施复合微生物肥。播种时，机械侧开沟施基肥，其中，尿素 38 千克/公顷，二铵 150 千克/公顷，硫酸钾 60 千克/公顷，硼钼微肥（硼酸、钼酸铵）0.25 千克/公顷。

【应用效果】

1. 水田应用 与单施化肥种植方式相比，复合微生物肥料替代部分化肥技术可促进水稻根系生长发育。化肥配施微生物肥料明显提高水稻生物量，增加水稻株高、根长、根体积、根表面积等根系发育指标。水稻应用复合微生物肥料，增产增收的经济效益为 2 200 元/公顷。复合微生物肥料替代技术在黑龙江省哈尔滨市呼兰区水稻生产上应用，近 3 年累计推广应用水稻面积 4 万公顷，累计增产 3 600 万千克，按 3 年水稻平均价格 2.6 元/千克计，累计增收 9 360 万元。

2. 旱田应用 复合微生物肥料增进土壤肥力、改善土壤结构、刺激作物生长发育、改善作物品质、增强植物抗病（虫）和抗逆性，减少化肥的使用量，提高肥料的利用率。在此技术施用下，玉米可增产 5％～10％，每公顷玉米增产 800～1 100 千克，玉米价格按 1.5 元/千克计算，每公顷可增加经济效益 1 200～1 650 元；化肥减量 25％，按照化肥平均投入量 2 250 元/公顷，化肥节省约 560 元/公顷。

与常规种植相比，大豆种植年份实施根区微生物调控技术投入成本增加 450 元/公顷。在此技术施用下，大豆可增产 7％～12％，按每公顷大豆增产约 450 千克、大豆价格 3.7 元/千克计算，每公顷可增加经济效益 1 650 元。净增加效益为 1 200 元/公顷。复合微生物肥料在玉米上的应用，开展试验的地点为黑龙江省黑河市嫩江县中储粮北方公司科技园区，施用后提升了土壤有机质含量，土壤结构得到改善，并培肥地力，达到了增产的效果。4 年累计应用面积约 1.5 万公顷，累计增产 1 400 万千克（图 5-6）。

图 5-6 复合微生物肥料的应用

大豆施用微生物复合肥料在黑龙江省（图 5-7）、内蒙古自治区进行技术应用，改善了农田土壤质量，使农民增产增收。累计应用面积达 20 万公顷以上，节肥增产的总增收超过 2 亿元。

图 5-7 复合微生物肥料施用苗期效果对比

（左：复合微生物肥料施用；右：常规种植）

技术 6 有机类肥料产品在果菜茶上的施用技术

【技术概述】

有机类肥料产品在果菜茶上的施用技术选用有机质含量高的有机肥，针对不同肥力等级的果园、菜田、茶园等土壤，采取不同的培肥方案；针对不同有机肥品种推荐合理施用量。根据有机肥养分含量及矿化系数计算有机肥有效养分供应量，通过扣除有机肥有效养分供应量，科学推荐化肥施用量。

【适用范围】

有机肥必须符合《有机肥料》（NY/T 525—2021）。适用于生产有机食品果菜茶的所有地块。

【技术流程】

【技术要点】

1. 有针对性 针对低肥力的新建果园、菜田、茶园等土壤，以培肥土壤、优先增加土壤有机质为主，增加土壤养分为辅；针对高肥力的成熟果园、老菜田、茶园等土壤，以养分供应为主，维持土壤有机质含量为辅。

2. 确定有机肥品种及用量 培肥土壤选用有机质含量高的有机肥，培肥土壤效果由高到低有机肥品种顺序为：秸秆类有机肥＞家畜粪肥（牛、猪、羊等）＞禽粪肥（鸡、鸭、鹅等），推荐用量与施用方法见表5-3。按养分供应高低，有机肥品种的推荐顺序为家禽粪肥（鸡、鸭、鹅等）＞家畜粪肥（牛、猪、羊等）＞秸秆类有机肥，推荐用量与施用方法见表5-4（贾小红等，2020）。

表5-3　培肥土壤时有机肥的施用方法

优先施用程度	有机肥品种	推荐施肥用量吨/公顷	施用方法
高	秸秆类	37.5～45	
中	家畜类	30～37.5	有机肥均匀撒施，土壤深翻30厘米，土壤和有机肥充分混匀
低	家禽类	22.5～30	

表5-4　以供应养分为主的有机肥施用方法

优先施用程度	有机肥品种	推荐施肥用量吨/公顷	施用方法
高	家禽类	12～15	
中	家畜类	15～22.5	有机肥挖沟条施或者挖坑穴施，避免有机肥表面撒施
低	秸秆类	22.5～30	

3. 计算有机肥有效养分供应量 有机肥有效养分供应量＝有机肥用量×有机肥养分含量×矿化系数，即 $N_E = M \times C \times R$。其中：$N_E$表示有机肥有效养分供应量，单位为千克/亩；$M$为有机肥用量，单位为千克/亩；$C$为有机肥养分含量，以百分数表示；$R$为矿化系数，无单位。有机肥当季矿化系数见表5-5。

表 5-5　主要蔬菜每生产 100 千克产量所需的养分量（千克）

作物	收获物	形成 100 千克经济产量所吸收的养分量		
		氮	五氧化二磷	氧化钾
黄瓜	果实	0.40	0.35	0.55
番茄	果实	0.25	0.15	0.50
茄子	果实	0.30	0.10	0.40
芹菜	全株	0.16	0.08	0.42
菠菜	全株	0.36	0.18	0.52
萝卜	块根	0.60	0.31	0.50

注：1 千克氮（N）相当于 2.22 千克尿素；1 千克五氧化二磷相当于 2.17 千克磷酸二铵；1 千克氧化钾相当于 2 千克硫酸钾。数据来源《测土配方施肥技术》（2005）。

4. 扣除有机肥有效养分供应量的化肥推荐量

作物总养分需求量（T）＝每形成 100 千克产量所需的养分量×作物目标产量（以蔬菜为例）

施肥补充养分量（X）＝作物总养分需求量（T）－土壤供应养分量（S）－灌水带入养分量（W）－大气带入养分量（A）

化肥供应养分量（F）＝施肥补充养分量（X）－有机肥养分供应（N_E）

【应用效果】

有机类肥料产品可提高肥料利用效率，降低肥料用量；有助于推进资源循环利用，实现节本增效、提质增效；有助于推动产出高效、产品安全、资源节约、环境友好的现代绿色农业发展。

贵州茶园面积 46 万公顷，茶叶产量 21 万吨，有机肥替代化肥 20％～30％的养分含量，增施有机肥的同时利用水肥一体化技术追肥，在水肥流失严重的茶园推进农机农艺结合，推广有机肥机械深施。茶园显著增产，推进资源节约、有效降低水肥流失、产量持续稳定、产品安全优质的茶园建设（图 5-8）。

图 5-8　贵州茶园有机肥替代化肥方案实施区

技术 7 畜禽粪肥在果菜茶上的施用技术

【技术概述】

畜禽粪肥在果菜茶上的施用技术是根据果菜茶不同类型作物的养分需求规律、粪肥类型特点，依据《畜禽粪便还田技术规范》（GB/T 25246—2010），选择施用时间、适宜施用量等。其中，果园采用条沟或穴施等方法，菜园采用撒施等方法，均为一次性施用。

【适用范围】

适用于南北方苹果、柑橘等大宗果园和菜田畜禽粪肥使用。畜禽粪肥作为肥料应符合《畜禽粪便无害化处理技术规范》（GB/T 36195—2018）的要求。

【技术流程】

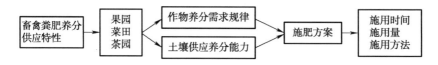

【技术要点】

1. 果园施用技术

（1）施用时间。北方果树在 9 月中旬至 10 月中旬，晚熟品种收获后越早施用效果越好。南方柑橘为主果树，早熟品种在采收后施用；中熟品种在采收前后施用，不晚于 11 月下旬；晚熟或越冬品种在果实转色期或套袋前后施用，一般是 9 月。

（2）施用量。北方果树一次性基施腐熟羊粪、牛粪等 22.5～30 吨/公顷，配施氮、磷、钾配方肥 600～900 千克/公顷；南方柑橘为主果树基施畜禽粪肥 15～30 吨/公顷，30～45 吨/公顷产量的果园建议配施平衡型（15∶15∶15）配方肥 450～525 千克/公顷。

（3）施用方法。北方果树采用环状、放射状、株（行）间条沟或穴施。沟施时，沟宽 30 厘米、长 50～100 厘米、深 40 厘米。穴施时根据树冠大小，每株树 4～6 个穴，穴直径和深度均为 30～40 厘米，每年交换位置挖穴，穴有效期为 3 年。施用时，要将有机肥与土充分混匀。南方以柑橘为主果树采用条沟或穴施，施肥深度 20～30 厘米或结合深耕施用。

2. 菜田施用技术

（1）施用时间。无论是南北方设施土壤种植蔬菜，还是露地种植蔬菜，畜禽粪肥都应在辣椒、番茄、黄瓜、甘蓝等幼苗移栽前，或白菜、萝卜等种植前施用。

（2）施用量。设施蔬菜施用猪粪、鸡粪、牛粪等经过充分腐熟的堆沤有机肥，辣椒 30～45 立方米/公顷、番茄 45～60 立方米/公顷、黄瓜 60～75 立方米/公顷，同时施用（18∶18∶9）配方肥，辣椒 375～450 千克/公顷、番茄 450～600 千克/公顷、黄瓜 600～750 千克/公顷。露地蔬菜施用有机肥，辣椒 22.5～30 立方米/公顷，大白菜、甘蓝、番茄 30～45 立方米/公顷，黄瓜 45～60 立方米/公顷。同时施用配方肥，辣椒施用（18∶18∶9）配方肥 300～375 千克/公顷，大白菜、甘蓝施用（17∶13∶15）配方肥 375～450 千克/公顷，番茄施用 450～525 千克/公顷，黄瓜 450～600 千克/公顷。

（3）施用方法。人工均匀撒施，或使用有机肥撒施机与输送抛撒装置，一次性完成松土和精确定量施肥等，或开 10～15 厘米深沟施用。

3. 茶园施用技术　畜禽粪肥较少直接应用于茶园，施用技术不具有普遍意义，在此不做叙述。

【应用效果】

畜禽粪肥的施用可培肥地力、改善土壤质量；提高畜禽粪肥利用效率；提高畜禽粪肥应用田块种植作物产量与品质；减少养分损失，减轻对环境的不利影响；逐步减轻畜禽粪肥应用田块种植作物病虫害发生程度。

山东省诸城市枳沟镇乔庄社区大田作物种植区，每年施用畜禽粪肥 2 次，施用量 45～60 立方米/公顷，有效解决了大田作物种植过程中合理施肥问题。施用区作物种植成本显著降低，可减少化肥施用量，同时节约用水 45 立方米/公顷，环境污染被有效控制，创造就业，为农户实现增收（图 5-9）。

图 5-9　山东省诸城市大田作物畜禽粪肥施用现场

技术8 生物有机肥在果菜茶上的施用技术

【技术概述】

生物有机肥根据果菜茶的不同类型作物养分需求规律，确定施用时间、适宜用量。果园采用环状、放射状、株（行）间条沟或穴施等方法，菜园采用人工均匀撒施或有机肥撒施机、输送抛撒装置进行一次性施入，茶园施入方法为侧开沟覆土。

【适用范围】

生物有机肥施用适用于南北方果园、菜田、茶园。生物有机肥应符合《生物有机肥》（NY 884—2012）要求。

【技术流程】

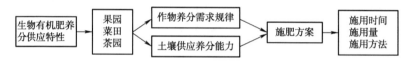

【技术要点】

1. 果园施用技术

（1）施用时间。生物有机肥作为基肥，北方果树最适宜施用时间是9月中旬至10月中旬。南方柑橘为主果树，早熟品种在采收后施用；中熟品种在采收前后施用，不晚于11月下旬；晚熟或越冬品种在果实转色期或套袋前后施用，一般是9月。

（2）施用量。北方果树一次性基施腐熟羊粪、牛粪等22.5～30吨/公顷，配施氮、磷、钾配方肥600～900千克/公顷；南方柑橘为主果树基施畜禽粪肥15～30吨/公顷，30～45吨/公顷产量的果园建议配施平衡型（15：15：15）配方肥450～525千克/公顷。

（3）施用方法。北方果树采用环状、放射状、株（行）间条沟或穴施，沟施时，沟宽30厘米、长50～100厘米、深40厘米。穴施时根据树冠大小，每株树4～6个穴，穴直径和深度均为30～40厘米，每年交换位置挖穴，穴有效期为3年。施用时，要将有机肥与土充分混匀。南方以柑橘为主果树采用条沟或穴施，施肥深度20～30厘米或结合深耕施用。

2. 菜田施用技术

（1）施用时间。生物有机肥作为基肥，设施种植蔬菜和露地种植蔬菜一般在辣椒、番茄、黄瓜、甘蓝等菜苗移栽前，或白菜、萝卜等种植前施用。

（2）施用量。设施种植辣椒、番茄、黄瓜等蔬菜，生物有机肥用量 4 500～6 000 千克/公顷，同时配施配方肥（18：18：9）400～700 千克/公顷。露地种植辣椒、番茄、黄瓜、大白菜、甘蓝等蔬菜，生物有机肥用量 3 000～5 000 千克/公顷，同时配施（18：18：9）配方肥 300～600 千克/公顷。

（3）施用方法。人工均匀撒施，并及时翻耕进入土层，或使用有机肥撒施机输送抛撒装置，一次性完成松土和精确定量施肥等，或开 10～15 厘米深沟施用。

3. 茶园施用技术

（1）施用时间。分 2 次施用，一次在 4 月 10 日施用，一次在 9 月底 10 月初茶树休眠期施用。

（2）施用量。2 000～3 000 千克/公顷，4 月初施入 40%，9 月底施入 60%（石元值等，2004；任红楼等，2009）。

（3）施用方法。以沟施为宜。山地丘陵茶园在坡地、窄幅梯级茶园在上坡或内侧开沟，平地和宽幅梯级茶园在茶行中间，沟深 10～20 厘米，施后及时覆土。

【应用效果】

生物有机肥的施用可提高作物产量、改善作物品质；提高土壤肥力、改善土壤理化性质；提高土壤向作物提供营养的能力；改善土壤微生态系统，提高土壤生物肥力；减少或降低植物病虫害的发生（沈德龙等，2007）。

新生物有机肥自上市以来，在全国各地多种作物上应用得到了良好的反馈，具有使用方便、肥效明显、改土壮苗、提质增产等诸多优点（图 5-10）。

图 5-10　新生物有机肥在南方果园应用

技术 9 有机无机复混肥在果菜茶上的施用技术

【技术概述】

根据不同作物养分需求规律，提出果菜茶有机无机复混肥适宜施用时间、施用量、施用方法。果园开沟条施并覆土，菜园采用撒施并翻耕入土的方法进行底施与追施，茶园开沟基施后加土覆盖。

【适用范围】

适用于南北方苹果、菜田和南方茶园施用。有机无机复混肥应符合《有机无机复混肥料》（GB/T 18877—2020）要求，有机质含量≥10%，氮、五氧化二磷、氧化钾养分含量≥15%，水分含量≥12%，以及酸碱度、粒度、蛔虫卵死亡率、粪大肠菌群数等规定。

【技术流程】

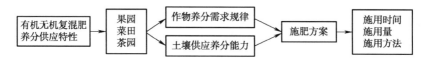

【技术要点】

1. 果园施用技术

（1）施用时间。有机无机复混肥既可作为基肥施用，也可作为追肥施用。北方果树最适宜施用时间是 9 月中旬至 10 月中旬。南方柑橘早熟品种在采收后施用；中熟品种在采收前后施用，不晚于 11 月下旬；晚熟或越冬品种在果实转色期或套袋前后施用，一般在 9 月。

（2）施用量。3 年生柑橘底施专用有机无机复混肥（总养分≥8%，有机质≥60%）7 500 千克/公顷，追施柑橘专用有机无机复混肥（15∶7∶13，有机质≥15%，含钙、镁、硼、锌、缓释因子和驱虫因子）1 500 千克/公顷。

（3）施用方法。开沟条施，覆土（刘文等，2020）。

2. 菜田施用技术

（1）施用时间。蔬菜种植前底施，关键时期追施。

（2）施用量。大白菜施用有机质含量≥20%，氮、五氧化二磷、氧化钾总养分含量 25%（10∶5∶10）有机无机复混肥 500 千克/公顷。其中，1/4 作为底施，余下肥量的 1/3 于莲座期前追施，2/3 于包心期前追施（沈军等，2014）。花椰菜、黄瓜、辣椒、小白菜底施 25%（6∶3∶6）有机无机复混肥

1 500～1 800 千克/公顷，其中，花椰菜追施 500 千克/公顷尿素。

（3）施用方法。撒施并翻耕入土。

3. 茶园施用技术

（1）施用时间。在茶树休眠期 10 月施用。

（2）施用量。底施 1 500～2 250 千克/公顷有机无机复混肥（N、P、K 含量之比为 15∶4∶6，有机质含量≥20%）。

（3）施用方法。在茶树树冠边缘垂直向下的位置开深 20 厘米×宽 15 厘米的沟，一次性施肥。施肥后加土覆盖，避免有机肥料与根系直接接触（汪晓娅等，2020）。

【应用效果】

有机无机复混肥施用有利于培养地力、改善物理性状、提高生物活性，有利于增产、提高农产品品质、提高化肥利用率。

河南省济源市大葱种植区，采用有机肥与有机无机复混肥相结合的方式进行种植，有效减少了试验地块肥料用量，实现增产 20%，大葱品质、商品性和口感均有明显提升，同时还有改良土壤的作用（图 5-11）。

图 5-11　大葱有机无机复混肥施用效果

技术 10　复合微生物肥料在果菜茶上的施用技术

【技术概述】

复合微生物肥料根据果菜茶的不同作物养分需求规律，明确果菜茶复合微生物肥料适宜施用时间、施用量、施用方法。果园采用沟施覆土方法进行底施，菜田采用条施或穴施方法进行底施和追施，茶园一次性开沟、底施、覆土。

【适用范围】

适用于南北方果园、菜田和茶园的复合微生物肥料施用。

复合微生物肥料应符合《复合微生物肥料》（NY/T 798—2015）的要求。

【技术流程】

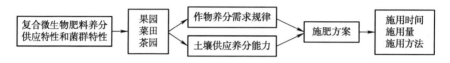

【技术要点】

复合微生物肥料在作物生产中施用的注意事项：第一，微生物肥料施用前，若土壤出现盐渍化、板结等现象，要先多施有机肥、深耕中翻，调节土壤pH至微生物适宜生存范围6.5～7.5；第二，与有机肥搭配施用，补充水分，为微生物的生存和繁殖提供良好的生存环境；第三，避免与农家肥、杀菌剂同时施用；第四，适宜在清晨、傍晚或无雨阴天施用，并结合盖土措施，避免受阳光直射。

1. 果园施用技术

（1）施用时间。底施。

（2）施用量。苹果、桃树、柑橘等果树施用复合微生物肥料1 500～2 000千克/公顷。

（3）施用方法。沿树冠外围挖施肥沟，沟宽40～60厘米，深10～30厘米，与农家肥一起均匀撒播入沟中，及时覆土。

2. 菜田施用技术

（1）施用时间。蔬菜种植前底施，生长期追施。

（2）施用量。大白菜底施复合微生物肥料3 000千克/公顷，在白菜莲座期、结球期、开花期各冲施一次氮、五氧化二磷、氧化钾总养分含量25％养分粉剂复合微生物肥料，每次用量75千克/公顷。

番茄和辣椒底施有机质≥20％且氮、五氧化二磷、氧化钾总养分含量≥25％（10∶6∶9）的复合微生物肥（固体）7 500千克/公顷，过磷酸钙300千克/公顷。膨果期追施尿素150～225千克/公顷，过磷酸钙300～375千克/公顷。

（3）施用方法。播种或移栽前条施或穴施，立即覆土。

3. 茶园施用技术

（1）施用时间。茶树休眠期10月左右施用。

（2）施用量。施用氮、五氧化二磷、氧化钾总养分含量25％（15∶5∶5）

复合微生物肥料 1 200～1 500 千克/公顷。

（3）施用方法。一次性开沟底施，覆土。

【应用效果】

复合微生物肥料的施用可活化土壤养分，提高土壤肥力，改善土壤理化性质，防治土壤有害微生物，增强植物抗病性，提高肥料利用效率，促进作物生长、改善作物品质等。

甘肃洋葱种植中施用复合微生物肥料，可有效解决洋葱种植过程中长势弱、严重干尖黄叶、根腐等问题，增产效果明显（图 5-12）。

图 5-12　甘肃洋葱种植区复合微生物肥料施用效果

第6篇　资源化产品标准

我国针对多种有机废弃物种类制定了一系列的相关标准，有利于促进有机废弃物的综合利用，也为推进综合利用技术提供了完善的技术指标。

标准1　有机废弃物的综合利用标准

一、有机废弃物的范围与定义标准

我国现行标准《农业废弃物综合利用通用要求》（GB/T 34805—2017）规定，农业废弃物指农业生产和加工过程中废弃的生物质，包括种植业废弃物、林业废弃物和养殖业废弃物。

农业废弃物的分类见表6-1。

表6-1　农业废弃物分类表（GB/T 34805—2017）

类型		说　　明
种植业废弃物	谷、麦及薯类秸秆	稻谷、高粱、玉米、小麦、大麦、燕麦、黑麦和薯类等作物废弃物
	豆类作物秸秆	黄豆、蚕豆、豌豆和其他豆科等作物废弃物
	油料作物秸秆	油菜、花生、蓖麻和向日葵等作物废弃物
	园艺及其他作物秸秆	蔬菜、花卉、药材和棉花等作物废弃物
	加工过程中的副产物	米糠、麦麸、甘蔗渣、甜菜渣、玉米芯等谷、麦、豆类、油料、园艺及其他作物收获后在加工过程中产生的渣、皮、糠、麸、核等副产物
林业废弃物	生产废弃物	枯枝、砍伐剩余物、林地枯损、灾害废弃木等
	加工剩余物	果壳、果核、树皮、木屑、锯末等
养殖业废弃物	畜禽粪尿及畜禽舍垫料	猪、牛、羊、鸡、鸭、鹅等畜禽粪尿及畜禽舍垫料
	废饲料	畜禽、水产养殖过程中的废饲料

我国现行的标准《非粮生物质原料名词术语》（NB/T 34029—2015）中，对有机废弃物相关废弃物定义做了详细阐释。其中，作物秸秆指收获作物主产品之后大田剩余的副产物及其主产品初加工之后的副产物，主要包括大田作物秸秆和园艺作物秸秆等。

大田作物秸秆指收获大田作物主产品之后剩余的副产物，主要包括谷物类作物秸秆、豆类作物秸秆、薯类作物秸秆、麻类作物秸秆、油料类作物秸秆、糖类作物秸秆和嗜好类作物秸秆。

田间秸秆指收获作物主产品之后、初加工前剩余的副产物，一般在大田收获时产生，主要包括粮食作物田间秸秆和经济作物田间秸秆。

初加工副产物指作物主产品初加工过程中产生的副产物，主要包括稻壳、花生壳、棉花壳、玉米芯、甘蔗渣和木薯渣等。

园艺作物秸秆指收获园艺作物主产品之后剩余的副产物，主要包括草本的蔬菜、果树、花卉等作物秸秆以及枯枝落叶、果壳果核等。

畜禽养殖业废弃物指畜禽养殖过程中产生的各类废弃物，主要包括畜禽粪便和圈舍废弃物、废弃畜禽尸体、屠宰废弃物等。

粪便和圈舍废弃物指动物养殖场的畜禽粪便、畜禽舍垫料散落的饲料和羽毛等废弃物。

生活有机废物指人类生活过程中产生的废弃物。

餐饮垃圾指餐饮业或居民日常烹调中废弃的下脚料和以剩饭菜为主的厨余和饮食垃圾。

二、废弃物综合利用标准

我国现行标准《农业废弃物综合利用通用要求》（GB/T 34805—2017）中规定，农业废弃物综合利用指为提高生物质资源利用率，根据不同农业废弃物特点，应用适合的技术手段，将其进行转化后再利用的活动。

有机废弃物通过综合利用实现肥料化、基质化。

（1）肥料化。秸秆还田分为直接还田与堆腐还田。直接还田为谷、麦、薯类、豆类、油料等农作物秸秆，宜根据实际选择，采用翻、机械埋压、加腐熟剂或综合技术，将农作物收获后留在田间转化的秸秆直接还田或粉碎后直接还田。秸秆直接还田深度应不小于 15 厘米。粉碎还田应根据还田技术要求选择粉碎设备，达到安全技术要求。堆腐还田为谷、麦、豆类、油料、蔬菜等农作物秸秆经过土腹、堆沤，充分腐熟后间接还田。

制作有机类肥料：谷、麦、薯类、豆类、油料、蔬菜、花卉等农作物秸秆，以及畜禽粪尿、畜禽舍垫料和废饲料等经堆沤或发酵，并无害化处理后生产有机肥料或有机无机复混肥料；沼渣、沼液可制成沼肥。

（2）基质化。农业废弃物基质化利用是指将农业有机废弃物通过无害化和稳定化处理，经过适当的配方过程，产生用于作物栽培基质的过程。

基质化所使用的农林废弃物指农业和林业生产、加工中产生的废弃植物、核桃壳、木屑、椰糠、蔬菜果皮、糠皮、麦麸、稻壳、玉米芯、花生壳、作物秸秆、芦苇末等植物性物质，以及畜禽粪便等养殖业废弃物。

废弃物的基质化途径包括农业废弃物利用堆肥技术进行腐熟，再与菌渣、稻壳、蛭石、珍珠岩等物料复配，得到栽培基质；也可采用低温炭化技术（<700℃），在无氧或低氧的环境下，通过热裂解将农业废弃物原料低温炭化，作为基质原料。

标准2　有机废弃物的肥料化标准

一、蔬菜废弃物处理标准

我国现行的《蔬菜废弃物高温堆肥无害化处理技术规程》（NY/T 3441—2019）中，蔬菜废弃物无害化处理的工艺选择流程为：采用一次性高温堆肥工艺两段发酵过程，对蔬菜废弃物进行无害化处理，完成高温灭活有害病原菌和杂草种子与完全腐熟两个工艺阶段。其工艺类型见表6-2。

表6-2　蔬菜废弃物堆肥处理工艺（NY/T 3441—2019）

物料运动	通风方式	处理方式
静态	自然/强制	条垛式
间歇动态/动态	强制	槽式（仓式）

蔬菜废弃物无害化处理的技术参数及要点为：

（1）条垛式堆肥时条垛宽度不小于2米，高度1.2～1.5米；槽式堆肥发酵槽宽度依处理规模设计为2～10米，高度1.5～2米。

（2）原料粉碎处理选择适宜的粉碎设备，对蔬菜废弃物进行碾丝、揉搓等破碎处理，物料粒径宜控制在5厘米以下。

（3）每2～3立方米粉碎处理后的物料添加1千克微生物菌剂，在布料过程中均匀混入。

（4）进入堆肥处理发酵单元的物料含水率为50%～65%，碳氮比为（20～30）：1。

（5）条垛式堆肥采用机械翻堆和自然通风保持通透性；槽式堆肥采用机械翻堆和强制通风的方法满足通透性需求。

（6）当温度超过70℃时进行翻堆操作。配有强制通风设施的机械翻堆间歇动态堆肥，翻堆次数不宜低于0.5次/天；无强制通风设施的机械翻堆间歇动态翻堆，每天翻堆次数宜为1～2次。

（7）主发酵周期为10～15天，堆体温度应控制在55～65℃，持续时间不少于5天。

（8）次发酵周期时间不少于 15 天。次发酵结束时，堆体外观为褐色，呈现自然疏松的纤维状团粒结构。堆肥发酵后，产物种子发芽指数大于 60％。

二、绿化植物废弃物处理标准

绿化植物废弃物是指绿化植物生长过程中自然更新产生的枯枝落叶废弃物或绿化养护过程中产生的乔灌木修剪物、草坪修剪物。

我国现行的《绿化植物废弃物处置和应用技术规程》（GB/T 31755—2015）规定了绿色植物废弃物的堆肥主要工艺步骤如下。

（1）粉碎。绿化植物废弃物粉碎后，粒径小于 3 厘米，且粒径小于 2 厘米的废弃物占总量的 75％以上。

（2）混料。含水率控制在 40％～65％；每立方米添加尿素等无机氮肥 0.5～2.0 千克，将碳氮比调节至（25～35）：1；pH 以中性为宜。

（3）起堆。露天堆置的堆肥高度控制在 2～3 米，室内堆置可适当降低堆肥高度，槽式堆肥的堆肥高度宜高于 0.65 米。

（4）翻堆。升温期堆体内部温度达到 55～60℃，应翻堆一次；高温期 60～65℃应 3～5 天翻堆一次；降温期＜55℃应 7 天翻堆一次；当堆体温度超过 70℃时应及时翻堆；细粒径（＜1 厘米）快速堆肥或槽式堆肥，可每天翻堆一次。

（5）微生物菌剂接种。可在第一次翻堆时均匀添加 1.5～25 千克/立方米微生物菌剂；第二次翻堆时再添加 1.0～1.5 千克/立方米微生物菌剂。

（6）淋水。堆肥周期内尤其是翻堆过程中，应根据堆肥物料含水率情况进行补水，含水率应维持在 40％～65％。

堆肥产品应为棕褐色、疏松透气、具有良好吸水性的粉粒或细条状，无明显臭味，不含其他明显杂物。产品的技术指标见表 6-3。

表 6-3　绿化植物废弃物堆肥产品的技术指标（GB/T 31755—2015）

项　目	指　标
总养分（$N+P_2O_5+K_2O$）含量（以干基计）（％）	≥2.0
有机质（以干基计）（％）	≥35
水分（％）	≤38
T	≤0.60
pH	6.0～8.2
EC（毫西门子/厘米）	0.5～10.0
粒径（毫米）	≤30
孔隙度（％）	60～80
密度（克/立方厘米）	0.25～0.65
发芽指数（％）	≥85

三、有机肥生产标准

商品有机肥料采用工厂化处理，以畜禽粪便、农作物秸秆等为原料。其中，畜禽粪便采取高温快速烘干法、氧化裂解法、塔式发酵加工法、移动翻抛发酵加工法或连续池式发酵技术等进行工厂化生产；农作物秸秆采用微生物堆肥发酵法或微生物快速发酵法进行工厂化生产。

我国于2021年新发布的标准《有机肥料》（NY/T 525—2021）中，规定商品有机肥料是指以畜禽粪便、秸秆等有机废弃物为原料，经发酵腐熟后制成，不包括绿肥、农家肥和其他农民自制的有机粪肥，禁止选用粉煤灰、钢渣、污泥、生活垃圾（经分类陈化后的厨余废弃物除外）作为原料。其原料选用见表6-4。

表6-4　有机肥料适用原料（NY/T 525—2021）

原料种类	原料名称
种植业废弃物	谷、麦、薯类、豆类、油料、园艺等作物秸秆，林草废弃物
养殖业废弃物	畜禽粪尿及畜禽圈舍垫料（植物类）
加工业废弃物	麸皮、谷壳、菜籽粕、大豆饼、花生饼、芝麻饼、油葵饼、棉籽饼、茶籽饼等种植业加工过程中的副产品
天然原料	草炭、泥炭、含腐植酸的褐煤等

有机肥料的外观为颗粒状或粉状，均匀，无恶臭。其技术指标、限量指标见表6-5、表6-6。

表6-5　有机肥料的技术指标（NY 525—2021）

项　目	指　标
有机质的质量分数（以烘干基计）（%）	≥30
总养分（$N+P_2O_5+K_2O$）质量分数（以烘干基计）（%）	≥4.0
水分（鲜样）的质量分数（%）	≤30
酸碱度（pH）	5.5~8.5
种子发芽指数（GI）（%）	≥70
机械杂质的质量分数（%）	≤0.5

表6-6　有机肥料限量指标（NY 525—2021）

项　目	限量指标
总砷（As）（毫克/千克）	≤15
总汞（Hg）（毫克/千克）	≤2
总铅（Pb）（毫克/千克）	≤50

（续）

项　　目	限 量 指 标
总镉（Cd）（毫克/千克）	≤3
总铬（Cr）（毫克/千克）	≤150
粪大肠菌群数（个/克）	≤100
蛔虫卵死亡率（%）	≥95

四、畜禽粪便堆肥标准

我国现行的《畜禽粪便堆肥技术规范》（NY/T 3442—2019）、《畜禽粪便还田技术规范》（GB/T 25246—2010）对畜禽粪便堆肥技术和操作过程进行了详细说明，可以确保畜禽粪便资源化生产技术的规范，使畜禽粪肥产品质量得到保障，有利于畜禽粪便堆肥技术实现规范化、标准化。可适用于规模化养殖场和集中处理中心的畜禽粪便及养殖垫料堆肥。

畜禽粪便堆肥的工艺流程（图 6-1）包括物理预处理、一次发酵、二次发酵和臭气处理等环节。

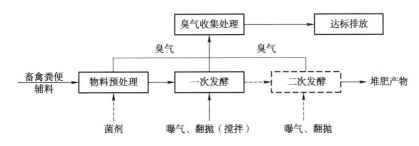

图 6-1　畜禽粪便堆肥工艺流程

《畜禽粪便堆肥技术规范》NY/T 3442—2019 中规定了固态粪便处理的相关技术参数及技术要点：

（1）物理预处理。畜禽粪便和辅料混合后的含沙率为 45%～65%，碳氮比为（20～40）∶1，粒径不大于 5 厘米，pH 为 5.5～9.0；有机物料的腐熟剂接种量为物料质量的 0.1%～0.2%。

（2）一次发酵。堆体温度应达到 55℃以上，条垛式堆肥维持时间不少于 15 天，槽式堆肥维持时间不少于 7 天，反应器堆肥维持时间不少于 5 天；堆体内部氧气浓度不小于 5%，曝气风量为 0.05～0.2 立方米/分钟。

（3）二次发酵。堆肥产物作为商品有机肥料或栽培基质时应进行二次发酵，堆体温度接近环境温度时终止发酵过程。

（4）臭气控制。采用工艺优化法，通过添加辅料或调理剂，调节碳氮比、含水率和堆体孔隙度等，确保堆体处于好氧状态，减少臭气产生；采用微生物处理法，通过在发酵前期和发酵过程中添加微生物除臭菌剂，控制和减少臭气产生；采用收集处理法，通过在原料预处理区和发酵区设置臭气收集装置，将堆肥过程中产生的臭气进行有效收集并集中处理。

畜禽粪便经过堆肥处理后，应符合表 6-7 中的质量要求。

表 6-7　畜禽粪便堆肥产物指标要求

项　　目	指　　标
有机质的质量分数（以干基计）（％）	≥30
水分含量（％）	≤45
种子发芽指数（GI）（％）	≥70
蛔虫卵死亡率（％）	≥95
粪大肠菌群数（个/克）	≤100
总砷（As）（以干基计）（毫克/千克）	≤15
总汞（Hg）（以干基计）（毫克/千克）	≤2
总铅（Pb）（以干基计）（毫克/千克）	≤50
总镉［Cd（以干基计）］（毫克/千克）	≤3
总铬（Cr）（以干基计）（毫克/千克）	≤150

《禽畜粪便生产技术规范》GB/T 36195—2018 中规定了畜禽粪便做堆肥处理后，生产液态畜禽粪便的技术要点：

（1）液态畜禽粪便宜采用氧化塘储存后进行农田利用，或采用固液分离、厌氧发酵、好氧或其他生物处理等单一或组合技术进行无害化处理。

（2）常温厌氧发酵处理停留时间不应少于 30 天。中温厌氧发酵不应少于 7 天，高温厌氧发酵温度维持（53±2）℃时间应不少于 2 天。

处理后的液体畜禽粪便应符合表 6-8 的要求。

表 6-8　液体畜禽粪便厌氧处理卫生学要求（GB/T 36195—2018）

项　　目	卫生学要求
蛔虫卵	死亡率≥95％
钩虫卵	在使用液中不应检测出活的钩虫卵
大肠菌群数	常温沼气发酵≤10 个/升，高温沼气发酵≤100 个/升
蚊子、苍蝇	粪液中不应有蚊、蝇幼虫，池的周围不应有活的蛆、蛹或新羽化的成蝇
沼气池粪渣	蛔虫卵死亡率≥95％、粪大肠菌群数小于等于 10^5 个/千克、堆体周围没有活蛆、蛹或新羽化的成蝇后方可用作农肥

标准3 有机物料的高值化产品技术标准

一、人工基质标准

人工基质的生产可采用菌渣、畜禽粪便、餐厨垃圾、林业废弃物等为原料。在我国现行标准中，对不同来源的原料生产标准均有相关规定，其中，《食用菌菌渣发酵技术规程》（NY/T 3291—2018）采用菌渣与粪便混合为原料生产人工基质；《畜禽粪便食用菌基质化利用技术规范》（NY/T 3828—2020）采用畜禽粪便为主要原料；《绿化用有机基质》（GB/T 33891—2017）则采用植物性有机废弃物为主要原料。

1. 《食用菌菌渣发酵技术规程》（NY/T 3291—2018） 适用于非粪草生食用菌菌渣的发酵处理，其工艺流程为：

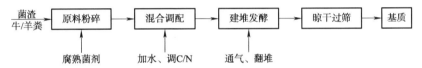

其主要技术参数与技术要点为：

原料：菌渣粉碎至粒径≤1.5厘米，牛粪、羊粪粉碎至粒径≤1.2厘米。

腐熟菌剂：选用具有快速启动发酵过程，提升堆制温度和加速降解、转化有机物料中大分子物质的作用的腐熟菌剂。

混合调配：使用装载机或人工按发酵配方将菌渣和牛羊粪混合均匀，加入混合物料干重0.1%～0.2%的腐熟菌剂。调整混合物料的碳氮比为（20～25）：1，含水率为55%～60%，混合物料的pH在6.5～8.0范围内。

建堆发酵：混合物料建成高0.8～1.2米、底宽2.5～3.0米、顶宽1.5～2.0米、长度大于3.0米的梯形条垛。共翻堆5次，发酵总时间为13～15天。

发酵后处理：发酵结束后适度晾晒或自然风干，过直径1.2厘米的网筛，即成为植物栽培基质材料。

2. 《畜禽粪便食用菌基质化利用技术规范》（NY/T 3828—2020） 适用于以畜禽粪便为重要原料生产食用菌基质，其工艺流程为：

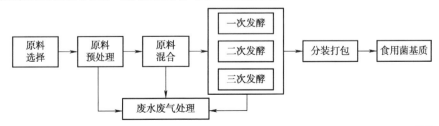

其主要工艺参数如下。

原料预处理：畜禽粪便、秸秆晾晒后粉碎，长度为 5～30 厘米。

原料混合：含水率调节至 70%～75%，C/N 调至（28～33）：1，pH 调至 7.5～8.5。

一次发酵：培养料堆体的最高温度不应低于 70℃。

二次发酵：包括平衡、升温、巴氏灭菌、降温、培养、降温 6 个阶段。

三次发酵：将二次发酵之后的培养料接种后送入三次发酵隧道中，温度宜控制在 24～26℃，时间以 16～18 天为宜。

废水废气处理：生产过程中产生的废水应在场区内收集，经曝气处理后循环利用；多余的废水应处理后排放；废气应进行收集和处理。

一次发酵和二次发酵后的基质应疏松、无黏滑感，颜色宜为咖啡色或棕褐色，无异味，C/N 为（14～18）：1，pH 为 6.5～8.0，含水率为 50%～75%，含氮率为 1.5%～2.4%。

3.《绿化用有机基质》(GB/T 33891—2017) 适用于以农林、餐厨、食品和药品加工等有机废弃物为主要原料，可添加少量畜禽粪便等辅料，经堆置发酵等无害化处理后，粉碎、混配形成的绿化用有机基质。

绿化用有机基质一般应经过堆肥发酵等无害化处理，性质应稳定；质地疏松，无结块，无明显异臭味和可视杂物，颜色一般应为棕色或褐色。

绿化用有机基质应用于与人群接触比较多的绿地、涵养水源地、生态敏感区域时，其卫生防疫安全指标应符合表 6-9 的规定。

表 6-9　绿化用有机基质卫生防疫安全指标

控制项目	指　　标
蛔虫卵死亡率（%）	≥95
粪大肠菌群菌值	≥10^{-2}
沙门氏菌	不得检出

绿化用有机基质的重金属控制指标根据人群接触密切程度与土壤环境质量要求确定，应符合表 6-10 的规定。

表 6-10　绿化用有机基质重金属含量限值

项　　目	限　　值		
	Ⅰ级	Ⅱ级	Ⅲ级
总镉（以干基计），毫克/千克≤	1.5	3.0	5.0
总汞（以干基计），毫克/千克≤	1.0	3.0	5.0
总铅（以干基计），毫克/千克≤	120	300	400

（续）

项　　目	限　　值		
	Ⅰ级	Ⅱ级	Ⅲ级
总铬（以干基计），毫克/千克≤	70	200	300
总砷（以干基计），毫克/千克≤	10	20	35
总镍（以干基计），毫克/千克≤	60	200	250
总铜（以干基计），毫克/千克≤	150	300	500
总锌（以干基计），毫克/千克≤	300	1 000	1 800
总银（以干基计），毫克/千克≤	10	20	30
总钒（以干基计），毫克/千克≤	100	150	300
总钴（以干基计），毫克/千克≤	50	100	300
总钼（以干基计），毫克/千克≤	20	20	40

二、炭基肥料标准

我国现行标准《生物炭基肥料》（NY/T 3041—2016）中，生物炭指以作物秸秆等农林植物废弃生物质为原料，在绝氧或有限氧气供应条件下、400～700℃热裂解得到的稳定的固体富碳产物；生物炭基肥料指以生物炭为基质，添加氮、磷、钾等养分中的一种或几种，采用化学方法和（或）物理方法混合制成的肥料。

生物炭基肥料的外观应为黑色或黑灰色颗粒、条状或片状产品，无肉眼可见机械杂质。生物炭基肥料各项技术指标应符合表 6-11 的要求。

表 6-11　生物炭基肥料产品技术指标要求

项　　目	指　　标	
	Ⅰ型	Ⅱ型
总养分（$N+P_2O_5+K_2O$）的质量分数（%）	≥20.0	≥30.0
水分（H_2O）的质量分数（%）	≤10.0	≤5.0
生物炭（以 C 计）（%）	≥9.0	≥6.0
粒度（1.00～4.75 毫米或 3.35～5.60 毫米）（%）	≥80.0	
氯离子（Cl^-）的质量分数（%）	≤3.0	
酸碱度（pH）	6.0～8.5	
砷及其化合物的质量分数（以 As 计）（%）	≤0.005 0	
镉及其化合物的质量分数（以 Cd 计）（%）	≤0.001 0	
铅及其化合物的质量分数（以 Pb 计）（%）	≤0.015 0	
铬及其化合物的质量分数（以 Cr 计）（%）	≤0.050 0	
汞及其化合物的质量分数（以 Hg 计）（%）	≤0.000 5	

三、土壤调理剂标准

《土壤调理剂通用要求》（NY/T 3034—2016）中规定，土壤调理剂的应用范围主要为土壤障碍消减、土壤结构改良。其中，障碍土壤包括沙质土壤、黏质土壤、结构障碍土壤、酸性土壤、盐碱土壤、盐化土壤、碱化土壤、污染土壤；土壤改良是指土壤结构改良、酸性土壤改良、盐碱土壤改良、土壤保水、污染土壤修复。

土壤调理剂可分为矿物源土壤调理剂、有机源土壤调理剂、化学源土壤调理剂、农林保水剂 4 类。

（1）矿物源土壤调理剂一般由富含钙、镁、硅、磷、钾等矿物经标准化工艺或无害化处理加工而成，用于增加矿质养料，改善土壤物理、化学、生物性状。

（2）有机源土壤调理剂由无害化有机物料为原料经标准化工艺加工而成，用于为土壤微生物提供所需养料以改善土壤生物肥力。

（3）化学源土壤调理剂是由化学制剂或由化学制剂经标准化工艺加工而成的，同时改善土壤物理或化学障碍。

（4）农林保水剂一般由合成聚合型、淀粉接枝聚合型、纤维素接枝聚合型等吸水性树脂聚合物加工而成，用于农林业土壤保水、种子包衣、苗木移栽或肥料添加剂等。

各类土壤调理剂其毒性试验指标应符合表 6-12 的要求。

表 6-12　土壤调理剂毒性指标

毒性级别	经口 LD_{50}（小鼠急性经口半数致死剂量）
实际无毒	$LD_{50} \geqslant 5\ 000$
低毒	$500 \leqslant LD_{50} < 5\ 000$
中等毒	$50 \leqslant LD_{50} < 500$
高毒	$LD_{50} < 50$

标准 4　生物类肥料生产标准

一、复合微生物肥料标准

我国现行的标准《复合微生物肥料》（NY/T 798—2015）中，规定了复合微生物肥料是指特定微生物与营养物质复合而成，能提供、保持或改善植物营养，提高农产品产量或改善农产品品质的活体微生物制品。

复合微生物肥料作为菌种的微生物应安全、有效。在生产时，生产者须提供菌种的分类鉴定报告，包括属及种的学名、形态、生理生化特性及鉴定依据等完整资料，以及菌种安全性评价资料；若采用生物工程菌，应具有获准允许大面积释放的生物安全性有关批文。

复合微生物肥料成品按剂型不同，可分为液体、粉剂和颗粒型。粉剂产品应松散；颗粒产品应无明显机械杂质，大小均匀，具有吸水性。各类复合微生物肥料的产品技术指标应符合表 6-13 的要求。

表 6-13 复合微生物肥料产品技术指标（NY/T 798—2015）

项　　目	剂　　型	
	液　　体	固　　体
有效活菌数（CFU）[亿/克（毫升）]	≥0.50	0.20
总养分（$N+P_2O_5+K_2O$）（%）	6.0～20.0	6.0
有机质（以烘干基计）（%）	—	≥20.0
杂菌率（%）	≤15.0	≤30.0
水分（%）	—	≤30.0
pH	5.5～8.5	5.5～8.5
有效期（月）	≥3	≥6

复合微生物肥料产品中，重金属及粪大肠菌群数、蛔虫卵死亡率指标应符合表 6-14 的要求。

表 6-14 复合微生物肥料产品中无害化指标

参　　数	标 准 极 限
粪大肠菌群数 [个/克（毫升）]	≤100
蛔虫卵死亡率（%）	≥95
砷及其化合物（以 As 计）（毫克/千克）	≤15
镉及其化合物（以 Cd 计）（毫克/千克）	≤3
铅及其化合物（以 Pb 计）（毫克/千克）	≤50
铬及其化合物（以 Cr 计）（毫克/千克）	≤150
汞及其化合物（以 Hg 计）（毫克/千克）	≤2

二、生物有机肥标准

在我国现行的标准《生物有机肥》（NY 884—2012）中规定，生物有机肥是指特定功能微生物与主要以动植物残体（如畜禽粪便、农作物秸秆等）为来源并经生产技术规范、腐熟的有机物料复合而成的一类兼具微生物肥料和有机肥效应的肥料。

在生物有机肥生产中，使用的微生物菌种应安全、有效，有明确来源和种名。粉剂产品的成品外观应松散、无恶臭味；颗粒产品的成品应无明显机械杂质、大小均匀、无腐败味。成品技术指标应符合表 6-15 的要求。

表 6-15　生物有机肥产品技术指标要求

项　　目	剂　　型	
	粉　　剂	颗　　粒
有效活菌数（CFU）（亿/克）	≥0.20	≥0.20
有机质（以干基计）（%）	≥25.0	≥25.0
水分（%）	≤30.0	≤15.0
pH	5.5～8.5	5.5～8.5
粪大肠菌群数［个/克（毫升）］	≤100	
蛔虫卵死亡率（%）	≥95	
有效期（月）	6	

生物有机肥产品中 As、Cd、Pb、Cr、Hg 含量指标应符合《农用微生物菌剂》（GB 20287—2006）中的规定，见表 6-16。

表 6-16　生物有机肥中重金属含量指标

参　　数	标 准 极 限
砷及其化合物（以 As 计），毫克/千克	≤75
镉及其化合物（以 Cd 计），毫克/千克	≤10
铅及其化合物（以 Pb 计），毫克/千克	≤100
铬及其化合物（以 Cr 计），毫克/千克	≤150
汞及其化合物（以 Hg 计），毫克/千克	≤5

主要参考文献

Atienza-Martínez M., Ábrego J., Gea G., et al, 2020. Pyrolysis of dairy cattle manure: evolution of char characteristics. Journal of Analytical and Applied Pyrolysis, 145: 104724.

Bergfeldt B., Tomasi Morgano M., Leibold H., et al, 2018. Recovery of phosphorus and other nutrients during pyrolysis of chicken manure. Agriculture, 8 (12): 187.

Cantrell K. B., Hunt P. G., Uchimiya M., et al, 2012. Impact of pyrolysis temperature and manure source on physicochemical characteristics of biochar. Bioresource technology, 107: 419-428.

GB 20287—2006 农用微生物菌剂 [S].

GB/T 19524.1—2004 肥料中粪大肠菌群的测定 [S].

GB/T 19524.2—2004 肥料中蛔虫卵死亡率的测定 [S].

GB/T 31755—2015 绿化植物废弃物处置和应用技术规程 [S].

GB/T 33891—2017 绿化用有机基质 [S].

GB/T 34805—2017 农业废弃物综合利用通用要求 [S].

GB/T 36195—2018 禽畜粪便生产技术规范 [S].

Jeong Y. W., Choi S. K., Choi Y. S., et al, 2015. Production of biocrude-oil from swine manure by fast pyrolysis and analysis of its characteristics. Renewable energy, 79: 14-19.

Liu Z., 2020. Comparison of hydrochar-and pyrochar-based solid acid catalysts from cornstalk: Physiochemical properties, catalytic activity and deactivation behavior. Bioresource technology, 297: 122477.

Liu Z., Wang Z., Tang S., et al, 2021. Fabrication, characterization and sorption properties of activated biochar from livestock manure via three different approaches. Resources, Conservation and Recycling, 168: 105254.

Mariavittoria Verrillo, 2021. Bioactivity and antimicrobial properties of chemically characterized compost teas from different green composts [J]. Waste Management, 120: 98-107.

NB/T 34029—2015 非粮生物质原料名词术语 [S].

NY/T 525—2021 有机肥料 [S].

NY/T 798—2015 复合微生物肥料 [S].

NY/T 884—2012 生物有机肥 [S].

NY/T 1980—2018 肥料和土壤调理剂急性经口毒性试验及评价要求 [S].

NY/T 2271　土壤调理剂效果试验和评价要求 ［S］.

NY/T 3034—2016　土壤调理剂通用要求 ［S］.

NY/T 3041—2016　生物炭基肥料 ［S］.

NY/T 3291—2018　食用菌菌渣发酵技术规程 ［S］.

NY/T 3441—2019　蔬菜废弃物高温堆肥无害化处理技术规程 ［S］.

NY/T 3442—2019　畜禽粪便堆肥技术规范 ［S］.

NY/T 3828—2020　畜禽粪便食用菌基质化利用技术规范 ［S］.

Xin Y., Wang D., Li X. Q., et al, 2018. Influence of moisture contenton cattle manure char properties and its potential for hydrogen rich gas production. Journal of analytical and applied pyrolysis, 130：224-232.

Xiu S., Rojanala, H. K., Shahbazi, A., et al, 2012. Pyrolysis and combustion characteristics of Bio-oil from swine manure. Journal of thermal analysis and calorimetry, 107 (2)：823-829.

卞有生, 2005. 生态农业中废弃物的处理与再生利用 ［M］. 北京：化学工业出版社.

陈茂春, 2015. 大豆优质高产施肥要点 ［J］. 河北农业 (3)：43.

陈忠群, 闫艳红, 杨文钰, 等, 2015. 净套作条件下钼肥拌种对大豆光合特性及产量的影响 ［J］. 大豆科学, 34 (6)：982-986＋992.

丁锐, 2020. 大豆生物有机肥对其生长、发育及产量影响 ［J］. 农村实用技术, 4 (5)：73.

丁元桂, 聂淑艳, 2013. 大豆施用硼钼复微肥试验效果研究 ［J］. 农技服务, 30 (3)：249.

郭修晗, 2007. 天然产物文术、蜂胶、木醋液挥发性组分分析研究 ［D］. 大连：大连理工大学.

胡秀芳, 张跃发, 张怀凤, 等, 2009. 有机无机复混肥在大豆上的应用效果 ［J］. 中国科技财富, 4 (2)：124.

槐圣昌, 刘玲玲, 汝甲荣, 等, 2020. 增施有机肥改善黑土物理特性与促进玉米根系生长的效果 ［J］. 中国土壤与肥料 (2)：40-46.

贾小红, 曹卫东, 赵永志, 2014. 有机肥料加工与施用 ［M］. 2 版. 北京：化学工业出版社.

贾小红, 金强, 陈清, 2020. 农业废弃物肥料化处理与有机肥定量施用技术 ［M］. 北京：科学技术文献出版社.

李吉进, 张一帆, 孙钦平, 2019. 农业资源再生利用与生态循环农业绿色发展 ［M］. 北京：化学工业出版社.

李小飞, 代兵, 何晓峰, 等, 2021. 生物有机肥对稻田土壤 Cd 形态和糙米 Cd 含量的影响 ［J］. 安徽农业科学, 49 (6)：154-157.

刘杰, 王大蔚, 裴占江, 等, 2010. 有机无机复混肥对大豆根际环境的影响 ［J］. 大豆科学, 29 (4)：730-732.

刘盛萍, 2006. 生物垃圾快速好氧堆肥的研究 ［D］. 合肥：合肥工业大学.

刘文，江涛，卢盛杰，等，2020. 柑橘专用有机无机复混肥在纽荷尔脐橙上的应用效果［J］. 湖南农业科学（1）：49-50＋53.

路宪春，于文清，刘文志，等，2014. 生物有机肥与化肥配施对大豆生物性状及产量的影响［J］. 现代化农业，4（1）：17-19.

母军，于志明，李黎，等，2008. 木材剩余物的木醋液制备及其成分分析［J］. 北京林业大学学报（2）：129-132.

任红楼，肖斌，余有本，等，2009. 生物有机肥对春茶的肥效研究［J］. 西北农林科技大学学报（自然科学版），37（9）：105-109＋116.

沈德龙，曹凤明，李力，2007. 我国生物有机肥的发展现状及展望［J］. 中国土壤与肥料（6）：1-5.

沈军，程雅梅，2014. 有机无机复混肥在大白菜上应用的肥效试验［J］. 安徽农学通报，20（8）：101＋159.

石元值，韩文炎，马立峰，2004. 生物有机肥在茶树上的施用效果试验初报［J］. 茶叶，30（4）：234-235.

涂德浴，2007. 畜禽粪便热解机理和气化研究［D］. 南京：南京农业大学.

汪晓娅，郭玲，刘雪娇，等，2020. "龙田丰"有机无机复混肥对涪陵白茶产量及品质的影响［J］. 南方农业，14（28）：39-42.

王灿，付天岭，岑如香，等，2021. 畜禽粪便重金属堆肥、发酵和热解技术研究进展［J］. 黑龙江畜牧兽医（1）：8.

王洪涛，等，2011. 农村固体废物处理处置与资源化技术［M］. 北京：中国环境科学出版社.

王向平，惠振宝，2021. 大豆配方肥中增施生物有机肥效果试验［J］. 现代化农业，4（6）：13-14.

吴文强，赵永志，母军，等，2008. 不同木醋液对叶菜生长的作用［J］. 蔬菜（1）：31-33.

武凤霞，2020. 堆肥茶生防作用影响因素及应用前景探讨［J］. 中国生物防治学报，36（6）：972-980.

闫百莹，孙跃春，谢秀芳，等，2020. 深松配施有机肥对土壤性状及玉米生长的影响［J］. 湖南农业科学（1）：24-27.

杨宏峰，2019. 大豆应用钼酸铵试验效果［J］. 现代化农业，4（6）：20-21.

杨旭，林清火，史东梅，等，2021. 有机无机复混肥在热带地区双季稻上化肥减施的应用效果［J］. 热带作物学报，42（1）：85-91.

余群，董红敏，张肇鲲，2003. 国内外堆肥技术研究进展（综述）［J］. 安徽农业大学学报（1）：109-112.

袁明，韩冬伟，李馨园，等，2020. 菌线克生物种衣剂对大豆孢囊线虫病防效及产量影响的研究［J］. 大豆科技，4（5）：19-22.

张全国，2009. 沼气技术及其应用［M］. 北京：化学工业出版社.

张胜利，刘晓旺，李鸿志，等，2021. 不同堆肥模式处理畜禽粪便的优劣［J］. 北方牧业（10）：27.

张雅楠，张昀，燕香梅，等，2019. 氮肥减施配施菌剂对水稻生长及土壤有效养分的影响[J]. 土壤通报，50（3）：655-661.

赵晖，2016. 秸秆"变"燃气燃油[N]. 天津日报，2016-01-09.

赵佳颖，周晚来，戚智勇，2019. 农业废弃物基质化利用[J]. 绿色科技（22）：232-234＋241.

周纬，2012. 槽式机械翻抛好氧发酵技术[J]. 农业工程技术（新能源产业）（4）：31-33.

朱凤婷，李奥，于晓曼，等，2020. 有机与常规培肥模式生产水稻的碳足迹[J]. 生态学杂志，39（7）：2233-2241.

邹国元，孙钦平，李吉进，2018. 沼液农田利用理论与实践[M]. 北京：中国农业出版社.

附录 平台简介

基于有机废弃物处理相关标准与系列技术，构建有机废弃物处理技术与服务平台，可帮助农业人员快速了解掌握最新科研成果，通过网络实现在线交流与学习。

一、平台介绍

有机废弃物处理技术与服务平台是将相关技术信息通过小程序进行集中展示并可以提供相关服务的信息平台。它是一个可以帮助涉农人员快速了解掌握最新科研成果，并进行学习使用的网络工具。

二、平台原理

该系统属原始创新，将有机废弃物处理技术与信息技术进行了融合并应用。运用物联网、大数据与传感器技术相结合的方式实现对处理现场的实时监控，远程操作，应用不受地理空间限制。

三、平台功能

平台中包含六大模块：堆肥技术清单、堆肥参数、相关标准、堆肥可视化、团队信息、产品展示与应用。

附图1 小程序首页

1. 堆肥技术清单　此模块将前文涉及的技术进行集中展示（附表1）。

附表 1　堆肥技术清单

技 术 类 别	技 术 名 称
有机废弃物的收储运及预处理技术	农作物秸秆收集、压缩与打包技术，园林树枝收集、运输、粉碎技术，厨余垃圾收集运输技术，臭气与渗漏液全量控制技术，有机废弃物预处理技术
好氧发酵技术	好氧发酵前处理技术、条垛式和槽式好氧发酵堆肥技术、反应器好氧发酵堆肥技术、膜法好氧发酵堆肥技术、简易好氧发酵技术
厌氧消化技术	常温厌氧消化技术、中高温厌氧消化技术、连续式干式厌氧发酵技术
生物法处理技术	蚯蚓法处理农村有机废弃物、黑水虻生物转化有机固体废弃物技术、白星花金龟处理农业有机废弃物、农林废弃物基料化栽培食用菌生产技术
热解处理技术	垃圾热解气化技术、农林废弃物热解多联产技术、畜禽粪便热解技术、热解处理技术与设备
有机废弃物处理过程调控技术	堆肥过程调理技术、腐熟剂选择与使用技术、堆肥过程中臭气减排技术
液体有机肥加工施用技术	沼液滴灌施肥技术、好氧堆肥茶制备技术、厌氧堆肥茶制备技术、植物酵素调理液生产技术、木醋液的生产及蔬菜施用技术

2. 堆肥参数　此模块主要展示堆肥过程中的主要控制参数，为涉农人员操作提供参考，以达到最佳的堆肥条件。可以加入其他相关资料，例如，农林有机废弃物有机碳、氮、碳氮比、堆肥配比等数据。帮助涉农人员在处理有机废弃物时有数据可参考。

3. 相关标准　此部分将废弃物处理相关标准进行分类展示（附表2）。支持查询功能，为废弃物综合利用技术的实施提供标准技术指标；定期更新平台标准库，为技术施用提供最新标准数据。

附表 2　废弃物处理标准分类列表

标 准 类 别	标 准 名 称
综合标准	农业废弃物综合利用通用要求、非粮生物质原料名词术语
废弃物肥料化标准	蔬菜废弃物高温堆肥无害化处理技术规程、食用菌菌渣发酵技术规程、畜禽粪便堆肥技术规范、绿化植物废弃物处置和应用技术规程
废弃物高值化产品生产标准	绿化用有机基质、畜禽粪便食用菌基质化利用技术规范、生物炭基肥料、土壤调理剂通用要求、土壤调理剂效果试验和评价要求
肥料生产标准	复合微生物肥料、农用微生物菌剂、有机肥料、生物有机肥
通用标准	肥料和土壤调理剂急性经口毒性试验及评价要求、肥料中粪大肠菌群的测定、肥料中蛔虫卵死亡率的测定

4. 堆肥可视化　通过物联网技术采集有机废弃物处理现场实时信息，回传至涉农人员的手机或电脑。可供用户查询及管理堆体实时数据，远程监控影像；实现远程智能操控和堆体可视化。

5. 团队信息　将科研团队的信息进行展示，精准划分团队人员研究方向信息，涉农人员可通过平台，根据研究方向判别生产中对应问题，直接与科研人员实时进行沟通交流。本模块也可用作企业服务等。

6. 产品展示与应用　将有机废弃物处理后的产品进行展示和交易，可将实际有机废弃物资源化处理后的商品进行线上展示，实现在线沟通，在线交易。

有机废弃物生产的产品可在粮食作物、果菜茶上实施应用，根据应用地点、产品类别进行应用技术参数推荐，并支持应用实例在线查询。

四、配套设施设备

废弃物肥料化设备见附图 2。

附图 2　废弃物肥料化设备

五、服务范围

政企可无偿使用小程序，需要提供硬件设备和备案等费用。由科研单位或其他涉农人员提供数据资料。成本效益由提供硬件设备者承担。

六、应用价值

平台对废弃物技术进行了整合与管理，其资源数据向涉农人员开放，可有效指导涉农人员了解并使用有机废弃物处理技术和设备。同时，将研究成果通过图片视频等内容直观地展示出来，降低涉农人员使用技术的门槛。同时，为科研人员提供远程操作的工具，为企业提供交流展示空间。

图书在版编目（CIP）数据

有机废弃物循环利用技术清单/魏丹，吴建繁，邹
国元主编 . —北京：中国农业出版社，2022.8
ISBN 978-7-109-29799-9

Ⅰ．①有…　Ⅱ．①魏…　②吴…　③邹…　Ⅲ．①有机垃
圾-废物综合利用　Ⅳ．①X705

中国版本图书馆 CIP 数据核字（2022）第 141209 号

中国农业出版社出版

地址：北京市朝阳区麦子店街 18 号楼
邮编：100125
责任编辑：刘　伟　李　辉
版式设计：杨　婧　　责任校对：吴丽婷
印刷：北京大汉方圆数字文化传媒有限公司
版次：2022 年 8 月第 1 版
印次：2022 年 8 月北京第 1 次印刷
发行：新华书店北京发行所
开本：700mm×1000mm　1/16
印张：8
字数：120 千字
定价：48.00 元